Arthur Barth

Histologische Untersuchungen über Knochenimplantationen

Arthur Barth

Histologische Untersuchungen über Knochenimplantationen

ISBN/EAN: 9783743479586

Hergestellt in Europa, USA, Kanada, Australien, Japan

Cover: Foto ©berggeist007 / pixelio.de

Manufactured and distributed by brebook publishing software (www.brebook.com)

Arthur Barth

Histologische Untersuchungen über Knochenimplantationen

III.
Histologische Untersuchungen über Knochenimplantationen.

Von
Dr. Arthur Barth,
Secundärarzt der chirurg. Klinik und Privatdocent für Chirurgie in Marburg.

Aus dem pathologischen Institut zu Marburg.

Hierzu Tafel II—IV.

Ueber die Ergebnisse der nachfolgenden Untersuchungen, welche im pathologischen Institute des Herrn Professor MARCHAND angestellt worden sind, habe ich während des Ganges derselben schon 2 mal dem Congress der deutschen Gesellschaft für Chirurgie kurzen Bericht [1]) erstattet, das letzte Mal in der Absicht, ihre praktische Bedeutung für den Chirurgen zu beleuchten und klar zu legen. Das wesentlich pathologisch-anatomische Interesse, welches die ausführliche Arbeit in ihren histologischen Einzelheiten bietet, legte den Wunsch nahe, sie in einer pathologischen Fachzeitschrift zu veröffentlichen, und so möge ihr Platz in diesen Beiträgen gerechtfertigt erscheinen.

Die erste Aufgabe, welche sich diese Untersuchungen stellten, galt dem Studium der histologischen Vorgänge bei der Wiedereinheilung ausgelöster Knochenstücke. Es ist bekannt, dass es bei Thier und Mensch unschwer gelingt, aus ihrer Verbindung mit dem Organismus völlig getrennte Knochenstücke an ihrem Ursprungsorte oder in einem anderen Defekte des lebenden Skelettes wiedereinzuheilen und zu einer knöchernen Vereinigung mit dem betreffenden Skelettknochen zu bringen. Die

---

[1]) ARTHUR BARTH, Ueber histologische Befunde nach Knochenimplantationen. Verh. des XXII. Congr. der d. Ges. f. Chir., Berlin 1893, p. 234 und v. Langenbeck's Archiv, Bd. 46, p. 409.
Derselbe: Ueber Osteoplastik in histologischer Beziehung. Verh. des XXIII. Congr. der d. Ges. f. Chir., Berlin 1894 und v. Langenbeck's Archiv, Bd. 48, Heft 3.

feineren Vorgänge, unter welchen sich dieses vollzieht, waren bislang systematisch noch nicht untersucht worden, so unendlich viel Fleiss auf die Klarlegung der physiologischen Schicksale solcher Knochenpfropfungen verwendet wurde. Und doch versprach gerade hier das Mikroskop mit den modernen Hilfsmitteln der mikroskopischen Technik Fragen zu entscheiden, welche mit früheren Untersuchungsmethoden gar nicht zu lösen waren. Dahin gehörte in erster Linie die Frage: was wird aus dem eingepflanzten Fragment? Bleibt es am Leben und unter welchen Bedingungen? Oder verfällt es dem Tode, um sekundär von neugebildetem Knochen ersetzt zu werden, wie es schon von BERNHARD HEINE [1]) auf Grund eines Thierversuches behauptet wurde und von OLLIER [2]) für gewisse Fälle zugegeben ist? Die überraschenden Befunde, welche wir zu Gunsten dieser letzteren Auffassung erhielten, forderten zu einem Vergleich mit der Einheilung todter Knochenstücke heraus, und als wir fanden, dass sich hier genau die nämlichen histologischen Vorgänge abspielen, suchten wir durch eine weitere Variirung der Versuchsanordnung dem Wesen dieser Vorgänge näher zu treten. An Stelle von Knochensubstanz implantirten wir andere todte Substanzen in Knochendefekte. Es zerfällt hiernach die Arbeit in 2 Theile: der erste behandelt die Osteoplastik mit lebendem, der zweite die Osteoplastik mit todtem Material. Der Leser findet am Schlusse der Arbeit eine tabellarische Uebersicht sämmtlicher Versuche und ihrer Ergebnisse, ein Blick auf dieselbe orientirt ihn ohne weiteres über den Stoff und seine Anordnung. Einzelne Kapitel entsprangen dem praktischen Bedürfniss des Chirurgen, so diejenigen über die Periostknochenlappenverschiebung und über die temporäre (osteoplastische) Schädelresektion. Es war von Interesse, diese chirurgisch bewährten Methoden auf ihren histologischen Werth zu prüfen und ihre Heilungsvorgänge festzustellen, und wir werden sehen, dass diese letzteren, im Rahmen des Ganzen betrachtet, nicht ohne histologisches Interesse sind.

Ich sehe es als ein wesentliches und praktisches Ergebniss dieser Untersuchungen an, dass sie den Heilungsprocess in all' diesen anscheinend so verschiedenartigen Versuchen als einen einheitlichen erwiesen haben. In dieser Auffassung tritt die Arbeit in Gegensatz zu den bisherigen Anschauungen und Lehren, welche sich aus einer grossen Anzahl von experimentellen Untersuchungen und klinischen Beobachtungen herausgebildet haben. Es kann hier nun nicht meine Aufgabe sein, den Leser über die grosse Litteratur dieses Gegenstandes zu unterrichten. Es erscheint das um so unnöthiger, als in den Arbeiten

---

[1]) cit. nach WOLFF, v. Langenbecks Archiv, Bd. 4, p. 197.
[2]) OLLIER, De l'ostéogénèse chirurgicale. Verhandl. des X. internat. med. Congr., Bd. III. Berlin 1891.

von Wolff [1]), Buscarlet [2]), Schmitt [3]) und Laurent [4]) ausführliche Zusammenstellungen der Litteratur enthalten sind. Eine grosse Anzahl von Beobachtungen namentlich klinischer Art entziehen sich jeder Beurtheilung, da sie nicht einmal durch grobanatomische Untersuchung controllirt worden sind. Ich werde mich daher darauf beschränken, die Litteratur bei Besprechung der einzelnen Fragen nur zu streifen, während das, was bisher histologisch auf diesem Gebiete geleistet worden ist, selbstverständlich eingehend berücksichtigt werden soll.

I. Theil.
Ueber die Wiedereinheilung ausgelöster Knochenfragmente und ihre histologischen Schicksale.

Bekanntlich gebührt Ollier [5]) das Verdienst, gelegentlich seiner grundlegenden Untersuchungen über die Knochenregeneration eine wissenschaftliche Lehre der Knochentransplantation begründet zu haben. Mit unermüdlichem Fleisse hat er seit 1859 die physiologischen Bedingungen für eine erfolgreiche Knochenpfropfung festzulegen gesucht, und wir werden im Folgenden auf seine Anschauungen, wiewohl sie einer histologischen Begründung entbehren, gebührende Rücksicht zu nehmen haben. In seinem Vortrage [6]) auf dem X. internationalen medicin. Congresse hat Ollier seine Erfahrungen zusammengefasst, und ich will hier die Grundzüge seiner Lehre kurz skizziren.

Nach O. steht zunächst die Möglichkeit, ein völlig ausgelöstes Knochenfragment an seinem ursprünglichen Standorte mit Erhaltung seiner Vitalität einzuheilen, ausser Frage. Das replantirte Fragment tritt hier mit denselben Gefässen wieder in Beziehung, welche es vorher ernährten, und so sind die Bedingungen für seine normale Ernährung die denkbar günstigsten. Nach O. ist nämlich die Vitalität der verschiedenen Körpergewebe von der Ernährung durch specifische Gefässe und specifische Gewebsflüssigkeiten abhängig. Die Regenerationsfähig-

---

[1]) Julius Wolff, Die Osteoplastik in ihren Beziehungen zur Chirurgie und Physiologie. v. Langenbeck's Archiv, Bd. 4, p. 183.
[2]) Francis Buscarlet, La greffe osseuse chez l'homme et l'implantation d'os décalcifiés. Thèse de Paris 1891, Nr. 4.
[3]) Adolf Schmitt, Ueber Osteoplastik in klinischer und experimenteller Beziehung. v. Langenbeck's Archiv, Bd. 45, p. 401.
[4]) O. Laurent, Recherches sur la greffe osseuse. Thèse de Bruxelles 1893.
[5]) L. Ollier, Recherches expérimentales sur les greffes osseuses. Journ. de Physiol. de Brown-Séquard. Paris 1860, T. III, p. 88.
Derselbe: Traité expérimental et clinique de la régénération des os et de la production artificielle du tissu osseux. Paris 1867.
[6]) l. c.

keit der Gewebselemente erlischt, sobald dieselben von andersartigen Gefässen ernährt werden, und damit erschöpft sich sehr bald die Vitalität des Gewebsstückes selbst, es atrophirt und verfällt der Degeneration. Nach diesem Gesetz entscheiden sich die Schicksale der eigentlichen Knochenpfropfungen. Ueberpflanzt man ein lebendes Fragment in einen Defekt am Skelett desselben Individuums oder in den eines Individuums derselben Species, so findet es an seinem neuen Standort physiologische Ernährungsbedingungen, welche eine Erhaltung seiner Vitalität ermöglichen. Ja, solche Fragmente können sogar selbstständig weiterwachsen, und O. sieht geradezu das Wachsthum transplantirter Knochenstücke als einzig zuverlässiges Kriterium für den Fortbestand ihrer selbstständigen Vitalität an. Bei Knochenüberflanzungen auf Thiere einer anderen Species konnte er in zahlreichen Versuchen ein Wachsthum nie beobachten. Meist wurden diese Fragmente bindegewebig eingekapselt und verfielen früher oder später der Resorption. In vereinzelten Fällen heilten sie knöchern ein, schienen aber allmählich durch junges, vom neuen Mutterboden ausgehendes Knochengewebe ersetzt zu werden. Ihre Vitalität schien um so schneller und sicherer verloren zu gehen, je fremdartiger die Ernährung, d. h. je grösser der Abstand beider Thierspecies in der zoologischen Skala war. Es muss jedoch hervorgehoben werden, dass die Versuche, auf welche O. diese Darlegungen stützt, keineswegs identisch angeordnet sind, indem er Transplantationen von Knochenfragmenten in Knochendefekte und solche in andere Körpergewebe unterschiedslos für die Beurtheilung der Frage heranzieht.

Die Lehre OLLIER's, welche eine prinzipielle Unterscheidung zwischen Autoplastik, Homoplastik und Heteroplastik betont, ist von den späteren Forschern im Allgemeinen anerkannt worden und hatte in ihrer geistvollen Entwickelung manches für sich. Es hatte ja auch nichts befremdendes, dem Knochengewebe eine höhere Vitalität beizumessen als anderen Körpergeweben, und so wurden diesen Anschauungen auch von Seite der Pathologen bis in die neuste Zeit ernste Zweifel nicht entgegengesetzt. Zudem schien die Frage der Vitalität durch weitere Beweismittel gestützt zu sein.

WOLFF[1]) erzielte, wenigstens bei Replantationsversuchen, die er am Schädel von Kaninchen und Tauben ausführte, durch Krappfütterung während der Heilungszeit eine Rothfärbung der eingeheilten Fragmente, und glaubte damit die Frage der Vitalität sicher entschieden zu haben.

JAKIMOWITSCH[2]) wiederholte diese Versuche an den Extremitätenknochen von Hunden und hatte bei einem jungen Thiere ebenfalls ein positives

---

[1]) l. c. u. JULIUS WOLFF, Zur Osteoplastik. Berl. klin. Wochenschr. 1869, p. 492.
[2]) JAKIMOWITSCH, Versuche über das Wiederanheilen vollkommen getrennter Knochensplitter. Deutsch. Zeitschr. f. Chir. 1881, Bd. 15, p. 201.

Resultat. Von ihm stammen auch die ersten mikroskopischen Befunde von eingeheilten Knochenfragmenten. Dieselben zeigten sich durch einen spongiösen Callus, der im Wesentlichen vom Mark ausging, mit dem betreffenden Röhrenknochen organisch vereinigt und hatten bei vorausgeschickter Gefässinjektion die Injektionsmasse angenommen. Histologisch unterschieden sie sich in nichts, weder in ihrem Gefüge, noch in den Conturen ihrer Gefässe, noch in ihrem Inhalt von dem übrigen Knochen. Auch Splitter, welche sich zufällig in die Markhöhle dislocirt hatten, verhielten sich keineswegs wie fremde Körper, sondern waren in lebendige Vereinigung mit den angrenzenden Theilen (Markcallus) getreten. Das bewies ihm die Injektion ihrer Gefässe mit Leimmasse. J. bezweifelt nach diesen Befunden nicht, das replantirte Knochenstücke mit Erhaltung ihrer Vitalität einheilen können.

In jüngster Zeit hat man sich von neuem der histologischen Erforschung des Gegenstandes zugewandt, freilich ohne neue Gesichtspunkte in die Behandlung der Frage zu werfen. „Trotz der verschiedenen Wege", sagt SCHMITT[1]), „die für die Lösung der Frage nach Werth oder Werthlosigkeit von Knochentransplantationen eingeschlagen sind; trotz des verschiedenartigen Materials, das zum Ersatz von Knochendefekten von zahlreichen Untersuchern im Experiment und am Menschen gebraucht wurde; trotz der mannigfaltigen Widersprüche, welche sich in den Resultaten der Versuche und in deren Deutung in Einzelheiten ergab — es lässt sich, wenn man alles nebeneinander stellt, nur die Richtigkeit der Ansichten OLLIER's bestätigen." Und dieses Bekenntniss SCHMITT'S, welches seiner fleissigen Arbeit das Gepräge giebt, würde ebenso gut auf die Untersuchungen LAURENT's[2]) passen, die vor kurzem erschienen. Reich an interessanten Einzelheiten kommen diese Arbeiten auch dort, wo ihre Befunde dagegen sprechen, über eine Bestätigung der OLLIER'schen Ansichten nicht hinaus. Auf eine inhaltliche Wiedergabe verzichte ich an dieser Stelle und behalte mir vor, im Verlauf unserer Erörterungen auf diese Arbeiten zurückzukommen.

Schliesslich sei hier der kurzen Mittheilungen von MOSSÉ[3]) und von ADAMKIEWICZ[4]) Erwähnung gethan. Sie machten bei Thieren Trepanationsversuche am Schädel mit Einpflanzung der ausgesägten Knochenscheiben und konstatirten eine knöcherne Einheilung, auch wenn die Fragmente zwischen Thieren verschiedener Species vertauscht wurden. Die knöcherne Vereinigung geschieht nach ADAMKIEWICZ durch eine Verknöcherung des Bindegewebes, welches die Lücke zwischen Schädel

---

[1]) l. c.
[2]) l. c.
[3]) A. MOSSÉ, Recherches expérimentales sur la greffe osseuse après la trépanation du crane. Gaz. hebdom. de méd. et de chir., 1888, Nr. 48.
[4]) A. ADAMKIEWICZ, Ueber Knochentransplantation. Wiener med. Blätter, 1889, p. 3 u. 355.

und Fragment ausfüllt, ohne Betheiligung des Periostes. An dem Fortbestand der Vitalität des implantirten Fragmentes scheint auch er im übrigen nicht zu zweifeln, indem er den gelungenen Nachweis der Vascularisirung des Fragmentes durch Gefässinjektion betont.

So ist die Ausbeute an histologischen Befunden nicht eben gross, und eine systematische Beschreibung der verschiedenen Heilungsstadien fehlt in der Litteratur vollkommen. Denn auch der Versuch LAURENT's ein Bild dieser Heilungsvorgänge zu entwerfen, scheitert an der geringen Anzahl von (6) Versuchen, deren Anordnung obendrein immer variirt wurde und von denen mehrere vereiterten.

Der Schilderung unserer eigenen Befunde schicke ich einige allgemeine Bemerkungen über Versuchsanordnung und Behandlung der Präparate voraus.

Die überwiegende Mehrzahl der Versuche wurde an Hunden ausgeführt. Ihr Skelett ist auch an sehr jungen Thieren, deren Bevorzugung wegen der energischeren Regenerationsfähigkeit der Gewebe für das Studium gewisser Fragen gerechtfertigt erscheint, für grössere Eingriffe widerstandsfähig genug, und liefert gleichzeitig schöne makroskopische Demonstrationsobjekte. Am Schädel wurden bei ihnen Trepanationen mit einem gewöhnlichen Handtrepan, der einen Durchmesser von 10 mm und central eine stellbare Pyramide besass, ausgeführt, nachdem der Schädel durch lineäre Spaltung der Haut und Ablösung des Periostes freigelegt war. Die ausgesägte Knochenscheibe wurde in den Replantationsversuchen möglichst schnell und ohne sie mit Sublimat oder Carbol zu behandeln, zurückgelagert. Bisweilen wurde die Einpflanzung durch die Blutstillung verzögert, bei den Transplantationsversuchen sogar bis zu 15 Min., während welcher Zeit die ausgelöste Scheibe in der Wunde des Spenders gelassen wurde. Der Zeitverlust zwischen Auslösung und Einpflanzung wurde stets nach der Uhr bestimmt und ist bei den einzelnen Versuchen in der Schlusstabelle vermerkt. Im übrigen will ich schon hier erwähnen, dass sich dieser Zeitverlust für das Schicksal der Fragmente als völlig belanglos erwies. Die Blutung pflegte nach Einlegung des Fragments vollkommen zu stehen. Periost und Haut wurden alsdann mit feiner Seide vernäht. In einzelnen Fällen wurde das Periost auf der Oberfläche des Fragmentes erhalten, hier wurde auf eine Periostnaht verzichtet. Für die ersten Tage wurde ein leicht comprimirender Verband mit appretirten Gazebinden angelegt. Selbstverständlich wurden die Operationen unter antiseptischen Cautelen ausgeführt. Der Wundverlauf war in der Regel aseptisch; wo Störungen vorkamen, ist es in der Tabelle vermerkt.

Die osteoplastischen Versuche mit Erhaltung einer Periostbrücke wurden mit dem Meissel ausgeführt, ihre Technik ist in den betreffenden Capiteln beschrieben. Mit dem Meissel wurden ebenfalls die Replantationsversuche an den langen Röhrenknochen ausgeführt. Meist wurden hierzu wandständige Resektionen mit Eröffnung der Markhöhle vorge-

Histologische Untersuchungen über Knochenimplantationen. 71

nommen, nur in einem Falle wurde ein Stück der Ulna circulär resecirt und wieder eingepflanzt. Die Methode hat sowohl technisch wie für die mikroskopische Orientirung nur Nachtheile und keinerlei Vortheile, wir sind deswegen von ihr schnell zurückgekommen. Auch die Extremitätenwunden wurden durch Etagennaht völlig geschlossen, das Bein wurde alsdann in einem Pappschienengazeverband, bisweilen im Gypsverband möglichst fixirt. Trotzdem trat bisweilen nachträgliche Fraktur an der Operationsstelle ein.

Nach Tödtung der Versuchsthiere wurden die Präparate im Zusammenhang, mit möglichster Schonung des Periostes (und der dura), ausgelöst und der makroskopische Befund notirt. Schien das eingeheilte Fragment genügend fest fixirt, so wurde der betreffende Knochen mitten durch die Implantationsstelle frisch durchsägt, um die Hälfte des Präparates für die makroskopische Demonstration herrichten zu können. Mit Vorliebe wurde hierfür das Macerationsverfahren in Anwendung gezogen und nur wenn die Haltbarkeit des Präparates bei zu mangelhaftem Callus hierdurch gefährdet erschien, begnügten wir uns mit der Herstellung von Spirituspräparaten. Solche Uebersichtsobjekte erleichtern nicht nur die histologische Orientirung in den correspondirenden mikroskopischen Präparaten, sondern sie ermöglichten uns erst einen Vergleich unserer Befunde mit den Beobachtungen früherer Autoren, welche nur makroskopisch untersuchten.

Die andere Hälfte des Präparates wurde für mikroskopische Zwecke zunächst in Müller'scher Flüssigkeit gehärtet, ausnahmsweise in Alkohol oder in Sublimat. Dann wurde das Objekt 24 St. in fliessendem Wasser ausgewaschen und zur Entkalkung in eine Lösung von 10 Th. Salpetersäure, 50 Th. Alkohol und 50 Th. Wasser gebracht. Die Entkalkung geht in dieser Lösung schneller vor sich als in Salpetersäurealkohol ohne Wasserzusatz, und wenn auch die Präparate etwas quellen, so leidet ihre Haltbarkeit bei vorsichtiger Behandlung in keiner Weise. Die Entkalkung dauert mehrere Tage. Uebrigens ist die Dauer der Säurebehandlung für die Tinktionsfähigkeit der Präparate ohne Belang, wenn man nur in fliessendem Wasser gut auswäscht (mindestens 24 St.). War letzteres geschehen, so wurden die Objekte in Alkohol von steigender Concentration gehärtet und nach Vorbehandlung mit Aetheralkohol in Celloidin eingebettet. Die Färbung der mikroskopischen Schnitte geschah mit Hämatoxylin (von Louis Müller in Leipzig) und Eosin, oder mit Hämatoxylin und Pikrinsäure. Letzteres Verfahren liefert sehr schöne, differenzirte Bilder, sobald die Knochengrundsubstanz mit Hämatoxylin überfärbt ist. Dieselbe wird durch die Pikrinsäurelösung entfärbt, aufgehellt und erhält eine grünlichgelbe Farbe, während die Kerne blauschwarz erscheinen.

Der Wunsch, die feineren Vorgänge der ersten Wundheilung nach der FLEMMING'schen Behandlung der Präparate zu studiren, führte uns zu Versuchen an dem sehr dünnen Schädel von Meerschweinchen und jungen Kaninchen, weil wir bei den umtänglicheren Knochenobjekten des Hundes Schwierigkeiten für das Eindringen der Flemming'schen Lösung und Unannehmlichkeiten von der Entkalkung befürchteten. Bei den Meerschweinchen wurde die Operation mit dem Hohlmeissel ausgeführt, bei den Kaninchen mit der Kronecker'schen Trephine, welche nur 5 Mm. Durchmesser hat, sehr dünn und scharfzahnig ist und der (für das Präparat störenden) Pyramide entbehrt. Die Versuche — 11 an der Zahl — glückten sämmtlich und lieferten vortreffliche Präparate. Die Schädelstücke wurden in Zusammenhang mit Dura und Periost möglichst schnell in Flemming'sche Lösung gebracht und in derselben durch nachträglichen weiteren Zusatz von $1^0/_0$ Chromsäurelösung binnen wenigen Tagen entkalkt. Die Färbung der Schnitte geschah mit Safranin.

Ich habe im Folgenden eine Trennung zwischen Schädel- und Extremitätenversuchen durchgeführt, weil gewisse äussere — nicht principielle — Unterschiede in dem Ablauf der pathologischen Vorgänge bestehen, und weil die Beschreibung aus einer solchen Trennung anatomisch verschiedener Objekte nur Nutzen ziehen kann. Am übersichtlichsten gestalten sich die Verhältnisse in den

Versuchen am Schädel,

welche wir zunächst ausschliesslich in Betracht ziehen werden, und wir wollen bei unserem Studium von der einfachsten Versuchsanordnung, von der

Replantation ausgelöster Fragmente,

ausgehen.

Ich führe den Leser in medias res und schildere in groben Umrissen das überraschende Bild, welches das erste von uns untersuchte Versuchspräparat darbot. Es entstammte einem 10 wöchentlichen jungen Spitzhund (Versuch 14), dem 18 Tage vor seinem Tode die aus dem Stirnbein ausgesägte Knochenscheibe replantirt war, nachdem sie sich 5 Minuten ausserhalb des Thierkörpers befunden. Bei der Section zeigte sich das Fragment im Defekt festsitzend, auf Druck federnd, von Periost bedeckt. Auf der quer durch das Präparat angelegten Sägefläche bot seine Substanz ein Aussehen, wie die des angrenzenden Schädeldaches, deutliche Veränderungen waren auch mit der Loupe nicht zu erkennen. Am Rande schien es durch einen knöchernen Callus mit dem Schädel vereinigt, Dura und Periost überzogen seine Flächen, genau so wie die Oberflächen des übrigen Schädels, und ohne sichtbare Unterbrechung ihrer Continuität; aus den Markräumen der Diploe quoll blutiges Mark: wer hätte gezweifelt, dass das Fragment lebte, dass es ein lebendiger Theil des Organismus geworden war? Und auch ein erster Blick in das Mikroskop konnte noch diese Anschauung vortäuschen, oder konnte doch wenigstens die Ueberzeugung erwecken, dass der grössere

Theil des Fragmentes seine Vitalität gerettet habe. Denn in buntem Wechsel zeigt das Fragment lebende Knochensubstanz mit schön gefärbten, zackigen Knochenzellen und todte, deren Knochenkörperchen als leere Lücken in der sonst unveränderten Grundsubstanz erscheinen, und das nicht nur am Rande oder an einzelnen Stellen, sondern in sämmtlichen Abschnitten des Fragmentes, und in allen darauf durchmusterten Versuchspräparaten tritt uns das nämliche Bild entgegen. Dazu die Markräume von einem zarten Markgewebe erfüllt, welches sich von dem der angrenzenden Schädeldiploe wenig oder gar nicht unterscheidet; die Haversischen Canäle blutstrotzend und von kernhaltigen Zellen umkleidet; die Ränder des Fragmentes in inniger Verschmelzung mit einem zierlichen, spongiösen Callus, welcher den Defekt zwischen Schädel und Fragment wenigstens theilweise erfüllt; und wo dieser fehlt, so doch eine innige Verwachsung mit der bindegewebigen Narbe, die sich von Periost und Dura her einsenkt: Was lag näher als zu sagen: „Das Fragment lebt, aber seine Vitalität ist vermindert." [1]) Ein genaueres Studium der Präparate musste uns jedoch eines besseren belehren.

Zunächst ist der bunte Wechsel zwischen lebender und todter Knochensubstanz des Fragmentes nur scheinbar ein regelloser, bei näherer Betrachtung lässt sich eine gesetzmässige Anordnung gar nicht verkennen. Wir finden nämlich kernhaltigen Knochen einmal an den äusseren Flächen des Fragmentes, in ausgesprochener Weise an der epiduralen, aber auch in schmalen Streifen an den Trepanationsflächen und hie und da unter dem Periost. Im Inneren des Fragmentes aber gruppirt sich der kernhaltige Knochen ausnahmslos um die Gefässräume, um die grossen Markräume sowohl als um die kleinsten Haversischen Canäle. Die Breite dieses kernhaltigen Knochensaumes ist verschieden. Meist mehrere Knochenzellschichten betragend, enthält er an anderen Strecken nur eine einfache Reihe von Knochenzellen, und ist gegen die Markhöhle resp. Oberfläche hin allenthalben von einer schönen Osteoblastenschicht bekleidet. Das Gesammtbild wird besonders zierlich dadurch, dass der Schädelknochen des sehr jungen Versuchsthieres einen exquisit spongiösen Charakter trägt und so entstehen Inseln und Spangen mit einem centralen Stock nekrotischer, kernloser Knochensubstanz, von lebenden Knochenschichten umkleidet, ähnlich etwa, wie beim endochondralen Knochenwachsthum die verkalkte Knorpelgrundsubstanz von den jungen Knochenschichten umsäumt wird. Und weiter, wie dort, setzt sich auch hier der kernhaltige Knochen in scharf conturirter, zackiger oder vielbuchtiger, unregelmässiger Linie an die todte Knochengrundsubstanz an, und bei einer diffusen Beleuchtung des Objectes contrastirt schon bei schwacher Vergrösserung die dunkle und

---

[1]) c. LAURENT, l. c. p. 47.

etwas matte Grundsubstanz des ersteren gegen die heller gefärbte des todten Knochengewebes. Man konnte hiernach nicht wohl zweifeln, dass das auffallende Bild durch eine Anlagerung junger Knochenschichten an die Substanz des abgestorbenen Fragmentes entstanden war, und es sprach Alles dagegen, dass auch nur Theile des letzteren ihre Vitalität gerettet hätten.

Den Beweis für die Richtigkeit dieser Auffassung und eine Klarlegung des sehr merkwürdigen Processes, welcher sich hier abspielte, konnte nur ein vergleichendes Studium der früheren und auch der späteren Heilungsstadien in fortlaufender Versuchsreihe liefern. Selbstverständlich sind hierfür nur Versuche mit zweifellos aseptischen Wundverlauf verwerthbar.

Versuch 1, an einem halbwüchsigen Kaninchen ausgeführt, zeigt uns nach 3 Tagen die Wunde verklebt und mit Fibrinmassen erfüllt, welche das replantirte Fragment allseitig umhüllen. Ihre Fasern senken sich in die Markräume und Haversischen Canäle des Fragments und von dem Defectspalt aus in die eröffneten Markräume des Schädeldaches. Den Flächen und Rändern des Fragmentes legt sich das Coagulum innig an, alle Buchten und Spalten ausfüllend. Ebenso setzt es sich in die abgehobene und blutig suffundirte Dura hinein fort und nach aufwärts vertritt es das fehlende Periost, um in das aufgelockerte, von extravasirtem Blut und Leucocyten durchsetzte Periost der Umgebung unmittelbar überzugehen. Bei stärkerer Vergrösserung sieht man zwischen den Fibrinklumpen- und -Fasern wohlerhaltene rothe und mässig reichliche weisse Blutzellen eingeschlossen, hie und da auch nekrotische, unregelmässig gestaltete Knochentrümmer, in deren Umgebung stärkere Leukocytenanhäufungen stattfinden.

Die Knochenzellen des replantirten Fragmentes sind z. Th. wohlerhalten. Namentlich die den Oberflächen angrenzenden Knochenschichten zeigen sich in dieser Beziehung kaum verändert. Die Kerne sind hier in den meisten Knochenkörperchen schön gefärbt, rundlich oder oval, und unterscheiden sich auch bei Anwendung der Oelimmersion nicht von denen des intakten Schädeldaches. Dazwischen kommen indess einzelne Knochenkörperchen ohne färbbaren Kern oder mit Kernen vor, welche deutliche Zerfallserscheinungen aufweisen. In den centralen Partien des Fragmentes sind diese Veränderungen die Regel. Entweder fehlen hier die Kerne ganz, oder sie erweisen sich mächtig aufgequollen und von Vacuolen durchsetzt, oder aber sie bestehen aus unregelmässigen Bröckeln, die in manchen Knochenkörperchen zu einem feinen Detritus zerfallen sind. Am Trepanationsrande sind die Kerne ausnahmslos zu Grunde gegangen.

Noch schwerere Veränderungen zeigt das Markgewebe des Fragmentes. Seine Struktur ist zwar, namentlich in den centralen Partien, noch wohl erkennbar, aber seine Zellen sind kernlos und vielfach mit feinsten Fett tröpfchen erfüllt, und nur vereinzelt kommen grosse Markzellen mit färbbarem grossem, rundem Kern vor. Dazwischen zeigen sich mehrkernige Leukocyten. Die grossen, polyedrischen, wandständigen Markzellen (Osteoblasten) sind sämmtlich abgestorben. Ebenso sind die Capillaren und Gefässe untergegangen, von Fibrin erfüllt.

Vereinzelte Haversische Canäle sind von rothen Blutzellen ausgefüllt, zwischen denen Fibrinfasern nicht erkennbar sind. Die meisten aber enthalten Fibrin.

Das angrenzende Schädeldach ist, von einem schmalen Saum kernloser Knochensubstanz am Trepanationsrande abgesehen, ohne wesentliche Veränderungen. Sein Mark ist sehr blutreich; sein Periost und die Dura in Wucherung begriffen, wie sternförmige Mitosen darthun. Mitotische Zellen sind hier aber nur in den äusseren (bindegewebigen) Schichten zu beobachten, in der osteogenetischen Schicht fehlen sie vollkommen. Auch im Mark habe ich sie nicht nachweisen können.

Diese Proliferationsvorgänge in der Nachbarschaft der Schädelwunde auf der einen Seite, der Kernzerfall im Fragment auf der anderen Seite machen nun in den nächsten Tagen rapide Fortschritte. Ein junges, zellenreiches Granulationsgewebe schiesst von Dura, Pericranium und Mark in der Umgebung der Schädelwunde auf und schiebt sich in das Fibrincoagulum vor, dasselbe verdrängend und durchwachsend. So finden wir schon nach 5 Tagen (p. o.) vereinzelte Granulationszellen in den Markräumen des replantirten Fragmentes, und gleichzeitig mit ihnen tauchen in dem abgestorbenen und von Fibrinfasern und Leukocyten durchsetzten Markgewebe zartwandige, blutstrotzende Gefässchen auf. Wo das junge Granulationsgewebe die Substanz des Fragmentes selbst erreicht, legt es seine Zellen dem Rande unmittelbar an und schiebt sie in die feinsten Buchten und Spalten desselben vor. So gelangt es denn auch in die Haversischen Canäle und durchwächst sehr bald das Fragment in allen seinen Hohlräumen und Canälen, ähnlich wie poröse Fremdkörper, welche man in die Bauchhöhle oder in das subkutane Gewebe einheilt, von Granulationsgewebe durchwachsen und umschlossen werden. Dieser bindegewebige Einschluss pflegt am 8. Tage bereits ein vollständiger zu sein, doch will ich bemerken, dass zeitliche Unterschiede vorkommen, und von dem Alter der Versuchsthiere sowohl als der Struktur des Schädelfragmentes abzuhängen scheinen. Gelegentlich findet man noch in der 3. Woche und später im Inneren des Fragmentes unveränderte Fibrinmassen ohne jegliche Resorptionserscheinungen. Wie zu erwarten, begegnet man in dem beschriebenen Stadium, den lebhaften Wucherungsvorgängen entsprechend, zahlreichen Kerntheilungsfiguren in den fixen Bindegewebszellen der sich ausfüllenden Wunde.

Der Vergleich dieser Heilungsvorgänge mit der Fremdkörpereinheilung wird nun durch den fortschreitenden Zerfall der Zellkerne im Fragment zu einem vollkommenen: das Fragment stirbt ab und wird in der That für die Wunde ein fremder Körper von poröser Beschaffenheit. Der Untergang der Knochenzellen vollzieht sich in der bereits beschriebenen Weise und pflegt am Ende der ersten Woche vollendet zu sein. Die farblose homogene Substanz der abgestorbenen Knochenzellen ist noch auf lange Zeit innerhalb der Knochenzellhöhlen deutlich zu erkennen (Fig. 4, *nk'''*). Bei sehr jungen Thieren können vereinzelte Knochenzellen oder kleinere Gruppen von solchen völlig erhalten bleiben; davon konnte ich mich in den Versuchen an 4 jungen Kaninchen noch bis zum 22. Tage überzeugen, und auch bei sehr jungen Hunden habe ich nach Wochen wohlerhaltene Zellen im replantirten Fragment nachweisen können. Ich will dabei betonen, dass hierfür nur die Untersuchung mit sehr starken Systemen (Oelimmersion) massgebend erscheint, denn oft erweisen sich Kerne, die bei schwacher Vergrösserung völlig intakt erscheinen, bei Anwendung der Oelimmersion hochgradig verändert. Eine nennenswerthe Ausdehnung erlangen diese Zellterritorien nie, meist handelt es sich um streifenförmige Gruppen, welche mit Vorliebe der epiduralen Fläche des Fragments anliegen; in anderen Fällen liegen sie um Gefässcanäle, welche offenbar schnell wieder vascularisirt wurden.

Von besonderem Interesse sind nun die Vorgänge der Knochenregeneration, welche schon um diese Zeit — wir sind am Ende der ersten Woche — einsetzen. Die ersten Anfänge davon finden wir zwischen Dura und Schädel in der Nachbarschaft des Trepanationsrandes und um die eröffneten Markräume des Schädels. Schon am 5. Tage beginnt hier die Anlagerung eines jungen Knochengewebes an die Substanz des alten. Die Osteoblasten, welche an den intakten Partien des Schädeldaches eine einreihige, regelmässige Schicht darstellen, sind hier gewuchert, und von dem Rande des alten Knochens durch eine schmale Schicht bereits differenzirter junger Knochensubstanz getrennt. Dieselbe legt sich der Grundsubstanz des alten Knochens unmittelbar an und ist von dieser durch ihre dunklere Färbung in den Flemming'schen Präparaten ohne Weiteres zu unterscheiden. Fig. 3 und 4, welche einem späteren Stadium entnommen sind und die Knochenanlagerung an nekrotische Knochensubstanz zeigen, können wohl zur Veranschaulichung dieser Farbenunterschiede und der weiteren Charaktere des jungen Knochens herangezogen werden. Dieselben betreffen das Aussehen und die Vertheilung seiner Knochenzellen.

Polyedrisch und zackig oder sternförmig mit deutlichen Ausläufern, haben diese jungen Knochenzellen die doppelte und dreifache Grösse der alten, sie imponiren als gleichmässig tiefroth gefärbte Klumpen, die inmitten der beschriebenen Grundsubstanz, von einem lichten Hof umgeben, verstreut sind und sehr viel enger beisammen liegen als die Knochenkörperchen der alten Substanz. Am Rande nun sind diese jungen Knochenschichten von streifenförmig angeordneten Osteoblastenschichten bekleidet, die dort, wo der Process sich gegen den Schädeldefekt hin vorschiebt, in unregelmässige Anhäufungen ähnlicher Zellen, in ein osteoides Gewebe übergehen. Diese Zellen tragen durchaus denselben Charakter wie die soeben beschriebenen jungen Knochenzellen, deren Vorläufer sie ja darstellen. Sie sind sehr plump und stellen gleichmässig gefärbte Gebilde dar, in denen ein Kern von dem Protoplasma nicht zu unterscheiden ist. Offenbar spielt hier die Verkalkung eine ausschlaggebende Rolle für dieses ungewöhnliche Verhalten der Zellen gegenüber dem Farbstoff. Es erklärt das wohl auch das vollständige Fehlen von Karyokinesen innerhalb der Osteoblasten; die Aufnahme von Kalksalzen in das Zellprotoplasma dürfte ihren optischen Nachweis[1] vereiteln, der mir in zahlreichen und einwandsfreien Präparaten aller Stadien nicht in einem einzigen Fall gelungen ist. Die Zwischensubstanz zwischen den einzelnen Zellen verhält sich ähnlich wie die Grundsubstanz des jungen Knochengewebes, in die sie ohne Grenze sich verliert. Sie ist aber noch schlecht differenzirt, verwaschen und hat in den Safraninpräparaten meist einen röthlichgrauen Farbenton.

Sehr bald treten nun auch unter dem Perikranium diese osteogenetischen Erscheinungen auf, und indem das osteoide Gewebe von Dura, Mark und Periost aus gegen den Defekt hin andrängt, überzieht es zunächst den freien Trepanationsrand des Schädels mit einer Schicht jungen Knochens. Der Trepanationsrand des Schädels ist ausnahmslos auf eine gewisse Entfernung hin nekrotisch und seine Oberfläche ist durch feinste Splitterungen, welche die Säge verursacht, zackig und uneben. Die Bilder, welche durch die Anlagerung der jungen Knochenschichten an diesen zackigen Rand entstehen, sind höchst charakteristisch (Fig. 3, 4, 6). Wie Mörtel der rauhen Oberfläche eines Steines anhaftet, alle Spalten und Buchten erfüllend, so übergiesst die junge Knochenschicht den Trepanationsrand, mit ihm zu einem festen Gefüge verschmelzend. Die Verkittung zwischen junger und alter Substanz ist aber zunächst noch keine sehr feste; denn nicht selten findet man im Schnitt die jungen Schichten auf kurze Strecken abgelöst wie in Fig. 3, und erst wenn ihre Verkalkung vollendet ist, widersteht diese Verschweissung allen mechanischen Insulten.

Dieselbe Verschmelzung zwischen junger und todter Knochensubstanz findet man schon frühzeitig (vom 7. Tage an) an der duralen Fläche des Fragmentes, wenigstens auf Strecken. Es scheint, als ob die osteogenetische Schicht der Dura bei der Auslösung des Fragmentes während der Operation sehr viel weniger leicht verloren geht als die des Perikranium, denn von letzterem sah ich, auch wenn es sehr sorgfältig abgelöst und wieder über das Fragment gelagert war, eine Knochenneubildung im Bereich der Ablösung nie ausgehen. Dagegen legt sich das von der

---

[1] Dem widerspricht die Angabe LAURENT's, der in den Osteoblasten Karyokinesen (in Flemming'schen Präparaten) beobachtete.

Dura ausgehende Granulationsgewebe nicht nur sehr schnell dem Fragment innig an, sondern es kommt hier auch bald zu einer Anlagerung junger Knochenschichten an die Fläche des Fragmentes, welche zur Befestigung des letzteren im Defekt wesentlich beiträgt. Die Entwickelung und Anlagerung dieser jungen Knochenschichten bietet histologisch nichts Neues.

Im weiteren Verlauf der zweiten Woche macht nun der beschriebene Knochenneubildungsprocess rapide Fortschritte. Von den eröffneten Markräumen des Schädels, von Dura und Periost her schiebt sich osteoides Gewebe schnell in den Defekt hinein vor, um dem Trepanationsrande des Fragmentes ähnliche Knochenschichten anzulegen, wie es soeben für den nekrotischen Defektrand des Schädels geschildert wurde. Gleichzeitig differenziren sich im Bereich des Defektspaltes zwischen Schädel und Fragment junge Bälkchen in dem osteoiden Gewebe, sich zu einem spongiösen Geflecht ordnend, am Rande von grossen Osteoblasten besetzt und gefässreiche junge Markräume umschliessend; und so finden wir schon am Ende der 2. Woche den Spalt durch ein zierliches spongiöses Knochenwerk überbrückt, wie es Fig. 1 darstellt. Die knöcherne Fixirung des Fragmentes ist hiermit vollendet, nicht aber sein endgiltiges Schicksal. Denn der Knochenneubildungsprocess schreitet unaufhaltsam weiter, und noch in denselben Präparaten finden wir bereits im Inneren des Fragmentes eine Anlagerung junger Knochenschichten an die todte Substanz desselben. Zunächst sind es die grossen Diploemarkräume, welche von jungen Knochenschichten umsäumt erscheinen, und sehr bald setzt sich von hier aus der Process auf die Gefässcanäle (Fig. 7) fort. Auch in die auf die durale Fläche mündenden Canäle des Fragmentes bricht die Knochenneubildung frühzeitig ein und es kommt so zu zapfenförmigen Einsenkungen des jungen Knochengewebes in die Substanz des alten. Schon jetzt kann man nicht mehr im Zweifel sein, dass es sich hier nicht um einen einfachen Appositionsprocess handelt, sondern um einen sehr merkwürdigen Substitutionsprocess, um einen schleichenden Ersatz des todten Materials durch lebendes. Der junge Knochen entwickelt sich im alten und auf dessen Kosten, ohne vorhergehende Resorption desselben. Denn fast nie sehen wir dort, wo der Process beginnt oder im Fortschreiten begriffen ist, Resorptionserscheinungen im gewöhnlichen Sinne, sondern mit ihrem Auftreten auf dem Occupationsfeld umgeben sich die Osteoblasten auch schon mit einem halbmondförmigen Hofe junger Knochengrundsubstanz, welcher sich in den Rand der alten Knochengrundsubstanz hineinschiebt (Fig. 4). Nehmen die Osteoblasten, wie es häufig der Fall ist, in ganzer Flucht einer Knochenfläche ihre Thätigkeit auf, so entstehen durch Aneinanderreihen der halbmondförmigen Höfe festonartige Linien, welche die Grenze zwischen alter und neuer Knochensubstanz bezeichnen. Und in dem Maasse, als diese Linien in die todte Knochensubstanz sich vorschieben, findet ein Ersatz des todten durch lebenden Knochen statt. Der Process erinnert sehr lebhaft an die endochondrale Knochenbildung foetaler Röhrenknochen, wo ja auch die verkalkte Knorpelgrundsubstanz ohne sichtbare Resorption durch jungen Knochen ersetzt wird, und wie man annimmt, dass dort die verkalkte Knorpelgrundsubstanz für den Aufbau des jungen Knochens direct verwerthet wird, so dürfen wir auch hier eine Verwerthung der todten Knochengrundsubstanz für den Aufbau des jungen Knochens annehmen. Dass es sich dabei wesentlich um eine Assimilirung der Kalksalze handelt, ist zum mindesten wahrscheinlich. Denn wir werden sehen, dass genau in der nämlichen Weise macerirter Knochen und Elfenbein von jungem Knochengewebe ersetzt wird, während durch Implantation von entkalktem Knochen ähnliche Befunde von uns nicht erzielt wurden.

Ein interessantes Streiflicht auf die Ausnützung des todten Materials für die Gewebsneubildung werfen die Vorgänge, welche sich um die in der Wunde verstreuten Sägemehltrümmer und feinste Knochensplitter abspielen. Anfangs von Fibrin eingehüllt und von Leukocyten umgeben, finden wir diese feinsten Trümmer sehr regelmässig in riesenzellenartige Gebilde eingeschlossen, sobald das junge Granulationsgewebe in ihren Bereich gelangt ist. Das ist am Rande der Defekthöhle schon nach 5 Tagen der Fall, in den centralen Partien und in der äusseren Wunde unter dem Periost etwas später. Die Bilder (Fig. 5), welche sich uns da bieten, sind sehr merkwürdig. Um die unregelmässig gestalteten Knochentrümmer, in denen man in der Regel ein oder mehrere kernlose Knochenkörperchen noch deutlich erkennen kann, lagern sich kranzförmig zahlreiche Kerne, von einem mächtigen Zellleib umschlossen, dessen Protoplasma allmählich ohne scharfe Grenze in die Grundsubstanz des Splitters übergeht. Dieser Gestalt begegnet man in der zweiten Woche und später in manchen Präparaten massenhaften Riesenzellen mit Einschlüssen von Knochentrümmern, und unter ihnen Exemplaren von ganz ungewöhnlicher Grösse. Das merkwürdige ist nun, dass diese Riesenzellen ihrerseits häufig ohne scharfe Grenze in das osteoide Gewebe der Umgebung übergehen und offenbar selbst der Verknöcherung anheimfallen. Und nicht selten findet man noch auf Wochen die Reste von Knochensplittern als Kern nekrotischer Knochensubstanz inmitten sich vergrössernder Knocheninseln, namentlich im Randcallus und im Bindegewebe über der Dura.

Offenbar sind diese Gebilde von den gewöhnlichen Fremdkörper-Riesenzellen und von den Resorptions-Riesenzellen der Knochen verschieden; sie vereinigen gewissermassen die Eigenschaften der ersteren mit denen der Osteoblasten, aus welchen sie offenbar auch hervorgehen. Während man anfangs noch einzelne getrennte Zellkörper — nicht selten mit auffallend grossen, und sodann mehrfachen Kernen — der Oberfläche der Knochensplitterchen innig anliegend findet, fliessen später die Zellkörper zusammen. Gleichzeitig nimmt aber die Masse den eigentümlich homogenen Glanz junger Knochensubstanz an, welcher auch an der Randschicht der Osteoblasten bei der Knochenbildung auftritt. Während der eingeschlossene Knochensplitter mehr und mehr schwindet, bildet sich das immer vollkommenere Knochengewebe in seiner Umgebung aus. Im Allgemeinen verfallen jedoch grössere Trümmer der üblichen Resorption unter dem Eindringen von Granulationszellen, Lacunenbildung am Rande und Anlagerung von Riesenzellen — wenigstens dort, wo sie ausserhalb der eigentlichen Knochenwunde liegen.

So ist die Ausnützung des todten Materials für den Wiederersatz des Defektes eine so vollkommene, als sie nur gedacht werden kann. Auf der anderen Seite fehlt es aber auch nicht an Resorptionserscheinungen typischer Art. Fast regelmässig finden sich solche an der äusseren Oberfläche des Fragmentes, wohl desshalb, weil hier die Anlegung des Periostes gewissen Schwierigkeiten begegnet und erst spät zu erfolgen pflegt. Das über den Defekt hinaus abgelöste Perikranium, auch wenn es sorgfältig zurückgelagert und befestigt wurde, wird gar zu leicht durch eine Ansammlung von Wundsekret und Blut wieder abgehoben und weiterhin durch ein sehr massiges Fibrincoagulum von der Fragmentoberfläche getrennt, und viel später als über der Dura erreicht hier das junge Granulationsgewebe diese Oberfläche. Hierzu kommt, dass die osteogenetische Schicht des Perikrans durch seine Ablösung in der Regel verloren geht und dass dementsprechend das junge Granulationsgewebe, von den äusseren Periostschichten stammend, aller osteogenen Eigenschaften entbehrt. Und so entfaltet dasselbe im Gegentheil, sobald es die Fragmentfläche erreicht, resorptive Eigenschaften, wie überall, wo ein junges, dem Bindegewebe entstammendes Granulationsgewebe mit einem resorptionsfähigen Fremdkörper in Berührung kommt. So sehen wir das periostale Bindegewebe in der 2. Woche und später von der Fragmentfläche durch lange Reihen von Riesenzellen geschieden, während es sich in die Gefässcanäle hineinsenkt und in alle Spalten, wie es früher geschildert ist, vordringt. Und erst später regenerirt sich vom Periost der Umgebung aus die osteogenetische Schicht und es kommt dann zu ähnlichen Anlagerungen junger Knochenschichten an die äussere Fläche des Fragmentes wie an seinen übrigen Flächen.

Uebrigens kommen auch an anderen Stellen des Fragmentes Resorptionsvorgänge der erwähnten Art zur Beobachtung, selten an der duralen Fläche, etwas häufiger am Trepanationsrande und namentlich am Rande der grossen Markräume. Hier sieht man bisweilen auch Granulationszellen direkt in die todte Knochensubstanz eindringen, sie auffasernd und offenbar resorbirend. So spärlich diese Resorptionsvorgänge sind und so sehr sie im mikroskopischen Bilde in den Hintergruud treten gegenüber dem direkten Ersatz des todten Knochens durch lebenden, so haben wir immerhin mit ihnen zu rechnen und wir werden sehen, dass sie für die Gestaltung des neuen Knochens nicht ohne merklichen Einfluss bleiben. Was schliesslich das Markgewebe innerhalb des Fragmentes angeht, so erlangt es häufig genug den gleichen histologischen Bau wie das alte Mark im angrenzenden Schädeldach. Die Annahme, dass es sich da um eine Regeneration des Gewebes von den alten Markelementen des replantirten Fragmentes ausgehend handelt, wird durch die bereits geschilderten Befunde au diesen Elementen während der ersten Tage p. o. hinfällig; das Markgewebe ist nicht widerstandsfähiger als die Knochensubstanz selbst und verfällt wie diese im Bereich des ausgelösten Fragmentes der Nekrose. Das junge Granulationsgewebe, welches das todte Mark zunächst ersetzt, stammt ja aber grossentheils von dem Mark der eröffneten Diploeräume, und ist dadurch befähigt, sich weiterhin in echtes Markgewebe umzuwandeln. Das geschieht aber keineswegs immer. Häufig genug wandelt es sich in ein fibrilläres Bindegewebe um, und mir will scheinen, dass dies bei alten Thieren die Regel ist.

Wir haben bisher die Heilungsvorgänge bis zum Ende der zweiten Woche im Zusammenhang geschildert, wie sie sich aus einem Vergleich der verschiedenen Versuchspräparate ergeben. Aus äusseren Gründen — um Wiederholungen zu vermeiden — verzichtete ich dabei auf eine Wiedergabe meiner Protokolle. Für die Beurtheilung der weiteren Veränderungen dürfte immerhin ein einheitliches Schlussbild von Vortheil sein, und so will ich an dieser Stelle den ausführlichen und charakteristischen Befund eines Versuches vom 13. Tage einflechten.

Versuch 10. Einem 9 Monate alten Jagdhund wird am 4. I. 93 nach Ablösung des Periostes die Trepanation über dem rechten Scheitelbein gemacht und die ausgesägte Knochenscheibe sofort replantirt. Periostnaht, Hautnaht. Primäre Heilung. Tödtung am 17. I. Nach Herausnahme des Schädeldaches zeigt sich die Knochenscheibe im Schädel unverschieblich festsitzend, mit dem einen Rande etwas gegen die Schädelhöhle dislocirt. Die Dura sitzt fest, das Periost zieht ohne sichtbare Unterbrechung über die Operationsstelle hinweg und ist über dem Fragment verschieblich. Das Präparat wird durchsägt und die eine Hälfte macerirt. Letztere zeigt einen ringförmigen spongiösen Callus, welcher das Fragment mit dem Schädel vereinigt. Die Substanz des Fragmentes unterscheidet sich ihrem (makroskopischen) Aussehen nach in nichts von der des Schädels. Sie ist nicht rareficirt, ihre Farbe ist weiss wie die des Schädelknochens, die Oberflächen sind glatt. Niemand würde daran zweifeln, dass das Fragment nach der Replantation fortgelebt hat. Und doch erweist sich dasselbe im mikroskopischen Bilde als abgestorben. Mit Ausnahme einiger schmaler Streifen und Gruppen wohlerhaltener Knochenzellen, welche sich nahe der duralen Fläche auf die Umgebung sich einsenkender Gefässcanäle vertheilen, erscheinen die Knochenkörperchen des Fragmentes als leere Lücken (Fig. 1, nk). An manchen Stellen zeigen sie zwar bei schwacher Vergrösserung eine matte

Kernfarbe, untersucht man hier aber bei starker Vergrösserung (Oelimmersion), so erkennt man die schwersten Kernveränderungen: Vacuolenbildung in der Kernsubstanz, zackige Zerklüftungen derselben und Zerfall in mehrere Bröckel, während andere Knochenkörperchen von detritusartigen, feinkörnigen Massen erfüllt sind. Nächst diesen schweren Gewebsveränderungen am Fragment fesselt uns in sämmtlichen Bildern der zierliche Callus (c), welcher das Fragment mit dem Schädel verschweisst. Als ein zierliches, spongiöses Knochenwerk wächst derselbe aus einem eröffneten Markraume der Schädeldiploe hervor, umfasst den nekrotischen Trepanationsrand des Schädels und schlägt sich als ein zartes Geflecht junger Knochenbälkchen auf den Trepanationsrand des Fragmentes hinüber. Nach abwärts setzt er sich ununterbrochen in einen spongiösen Callus zwischen Schädel und Dura und eine schmale Knochenschicht fort, welche sich der duralen Fläche des Fragmentes auf weite Strecken hin angelagert hat. Nach aufwärts erreicht der Callus die Fragmentoberfläche nicht, der Spalt zwischen Schädel und Fragment ist hier durch ein sehr zellenreiches, junges Bindegewebe ausgefüllt, welches von dem gewucherten Periost her sich einsenkt. Die jungen Knochenbälkchen sind mit einer regelmässigen Osteoblastenschicht bekleidet und umschliessen Markräume mit einem zellen- und gefässreichen zarten Mark. Die Knochenzellen der jungen Knochensubstanz verhalten sich ähnlich wie die Osteoblasten. Sie sind sehr gross, polyedrisch oder sternförmig, und haben einen grossen runden Kern. Uebrigens stehen sie sehr viel dichter beisammen als die Knochenzellen im alten Knochengewebe des Schädels.

Die Art und Weise, wie neuer und alter Knochen mit einander verschmelzen, ist an den Trepanationsrändern des Schädels sowohl als des Fragmentes besonders klar und durchsichtig. An vielen Stellen sieht man hier Osteoblasten in die todte Knochengrundsubstanz zapfenförmig vordringen, von einem schmalen Saum neuer Knochengrundsubstanz bereits umgeben. Die Grenze zwischen altem und neuem Knochen ist dabei nie verwischt, sondern wird regelmässig durch eine scharfe, dunkelconturirte Linie bezeichnet. Dadurch, dass das zapfenförmige Vordringen der Osteoblasten nebeneinander in langer Flucht geschieht, bekommt die erwähnte Grenzlinie eine sehr charakteristische, vielbuchtige, festonartige Gestalt.

Eine ähnliche Anlagerung junger Knochenschichten findet sich fast in der ganzen Ausdehnung der duralen Fläche des Fragmentes, nächstdem auf weiten Strecken der Markraumumrandung. An den meisten Stellen ist sie hier im ersten Beginn und stellt eine schmalste Schicht junger Grundsubstanz mit einer einzigen Reihe grosser Knochenzellen dar, wiederum in charakteristischer Linie gegen die alte Grundsubstanz abgegrenzt. An anderen Stellen, besonders um die Gefässcanalmündungen, ist die Knochenneubildung eine lebhaftere und es schieben sich hier Zapfen und Bälkchen jungen Knochengewebes gegen die Markhöhle hin vor, während gleichzeitig in den Gefässcanälen selbst eine Anlagerung junger Knochenschichten (Fig. 7) im Gange ist. Selbst um die Haversischen Canäle im Inneren des Fragmentes, wenigstens im Bereich der tabula interna, setzt dieser Process bereits ein: schmale Halbmonde junger Knochensubstanz mit einer einzelnen Knochenzelle schieben sich hier scharflinig begrenzt in die alte Grundsubstanz hinein.

Einige der Oberfläche nahe liegenden Gefässräume der tabula externa sind mit älteren Fibrinmassen erfüllt, in welchen Granulationszellen auftauchen, alle übrigen Canäle und Hohlräume des Fragmentes sind von einem zellen- und gefässreichen jungen Bindegewebe ausgefüllt, welches seine Zellen der Knochensubstanz anlegt. Nicht selten sieht man aber auch die jungen Bindegewebszellen in die todte Knochengrundsubstanz eindringen, bisweilen durch einen äusserst schmalen, lichten Saum von ihr getrennt. Derartige Resorptionsvorgänge findet man besonders an den Rändern der grossen Diploeräume, soweit dieselben nicht von dem vorerwähnten Knochenanlagerungsprocess occupirt sind. Auch lakunenartige Ausbuchtungen mit Anlagerung von Riesenzellen kommen am Rande der grossen Markräume gelegentlich vor. In Folge dieser Resorptionsvorgänge erscheinen die Markräume des Fragmentes etwas erweitert, was aus einem Vergleich mit den Markräumen der angrenzenden Schädeldiploe ohne weiteres in die Augen springt. (Vergl. Fig. 1, Taf. VI in v. Langenbeck's Archiv Bd. 48, ein Loupenphotogramm des vorliegenden Präparates darstellend.) Das Markgewebe des Fragmentes enthält Fettzellen (Fig. 1 m) und junges Granulationsgewebe, an vielen Stellen nimmt letzteres einen deutlich fibrillären Charakter an. In ihm liegen grosse, dickwandige Gefässe mit organisirtem Thrombus (alte Markgefässe), und viele zartwandige, blutstrotzende (junge) Gefässe und Capillaren.

Das durale Bindegewebe ist stark gewuchert und stellt ein breites, gleichmässiges, recht zellenreiches Bindegewebslager dar, welches sich mit einer deutlichen Osteoblastenschicht den jungen Knochenschichten der inneren Fragmentfläche anlegt und sich seitlich in der normalen Schädeldura verliert. Das äussere Periost ist über dem Fragment ebenfalls stark gewuchert und trägt an vielen Stellen den Charakter eines sehr weichen, zellenreichen Granulationsgewebes. Es liegt der Oberfläche des Fragmentes nur an den wenigsten Stellen an, auf grosse Strecken ist es etwas abgehoben, und hier erscheint der Fragmentrand lacunär ausgenagt und mit Riesenzellen besetzt. Dagegen senkt es sich in die an die Okerfläche mündenden Gefässcanäle ein, seine Zellen der Canalwand innig anschmiegend.

In das junge Bindegewebe dieses Periostes sind zahlreiche Riesenzellen eingesprengt, in deren Innerem man Reste von Knochentrümmern deutlich erkennen kann. Grössere nekrotische Splitter sind am Rande von Riesenzellen besetzt und von eindringenden Granulationen durchwachsen. Auch inmitten der jungen Knochensubstanz des Callus sind nekrotische Knochentrümmer als kernlose, scharfcontourirte Inseln eingeschlossen.

Für die nächsten Wochen ist ein Fortschreiten des Knochenanlagerungsprocesses um sämmtliche Haversischen Canäle des Fragmentes charakteristisch und auch an der äusseren Oberfläche beginnt jetzt vom Rande her eine deutliche Anlagerung junger Schichten. Immer weitere Kreise ziehen die jungen Lamellen um die Haversischen Canäle (Fig. 2), immer weitere Schichten kernhaltigen Knochens bilden sich um die Markräume (m), immer massiger drängt der Callus gegen das Fragment an, und in demselben Masse wie die kernhaltige Knochensubstanz an Ausdehnung von allen Seiten her zunimmt, tritt die todte Knochensubstanz im Bilde zurück. Dabei ist die Vollendung des knöchernen Callus am Defektrande keineswegs unbedingte Voraussetzung für das Uebergreifen des Knochenneubildungsprozesses auf das Innere des Fragmentes. In manchen Versuchen ist die knöcherne Vereinigung zwischen Schädel und Fragment eine höchst unvollkommene und in grösster Ausdehnung eine rein bindegewebige: und dennoch finden sich um die Haversischen Räume des todten Fragmentes Knochenneubildungen grossartigen Styles. Man kann sich da der Vorstellung nicht erwehren, dass das ossificationsfähige Granulationsgewebe, welches das Fragment durchwächst, überall, wo es mit todter Knochensubstanz in Berührung kommt, seine ossificirende Thätigkeit beginnt, und das gleichzeitig an den verschiedensten und entferntesten Stellen des Fragmentes. Aber auch die Resorptionsvorgänge schreiten fort und machen selbst vor den neugebildeten Knochentheilen nicht Halt. Wenigstens findet man an der äusseren Oberfläche die neugebildeten Knochenschichten nicht selten auf Strecken lacunär ausgenagt und von Riesenzellen besetzt. Wenn man sorgfältig vergleicht, kommt man zu der Ansicht, dass auch in diesen Resorptionsvorgängen eine gewisse Gesetzmässigkeit und Zweckmässigkeit obwaltet. Den neuen Knochen zu modelliren, scheint ihre Aufgabe zu sein, und so finden wir sie fast regelmässig dort, wo Knochentheile über das Schädelniveau hervorragen oder wo eine allzulebhafte Knochenneubildung stattfindet.

Versuch 17. Einem ausgewachsenen, kräftigen Dachshund wird am 8. 11. 92. die Trepanation über dem rechten Schläfenbein gemacht, das ausgesägte Fragment, auf welchem das Periost nicht erhalten wurde, wird nach 2 Minuten replantirt. Periostnaht. Hautnaht. Primäre Heilung. Tödtung nach 42 Tagen am 20. 12. 92 durch Verblutung, und Gefässinjektion durch beide Carotiden. Das Fragment ist knöchern verwachsen, von Dura und Periost bedeckt, und hat die blaue Injektionsmasse angenommen. In seinem Aussehen unterscheidet es sich nicht vom angrenzenden Schädelknochen. Schon makroskopisch erscheint das Fragment, und zwar wesentlich auf Kosten der tab. ext. stark rareficirt. In den mikroskopischen Schnitten bestätigt sich das ohne weiteres. In vielen Präparaten fehlt die tab. ext. in halber Ausdehnung, lange Reihen von Riesenzellen unter dem Periost beweisen hier, dass der Verlust durch typische Resorption erfolgt ist. In den mit Hämatoxylin und Pikrinsäure behandelten Schnitten (Fig. 2) hebt sich nun die nekrotische, alte Knochensubstanz ($n\ k$) des Fragmentes durch ihre homogene Färbung gegen die kernhaltige neugebildete Knochensubstanz (lk') schon bei schwacher Vergrösserung (Leitz Obj. 3, Oc. 1) drastisch ab. Letztere beherrscht in diesen Bildern die centralen Partien um die langgestreckten Diploeräume des Fragmentes, aber auch sämmtliche Haversischen Canäle sind von ihr breit umsäumt, und ebenso zeigt die durale Fläche lamellenartige Anlagerungen junger Knochenschichten auf weite Strecken. Die Verbindung zwischen Schädel und Fragment geschieht durch einen breiten, massigen, knöchernen Callus (c), dessen Balken vorwiegend senkrecht zur Schädelfläche gestellt sind. Der Trepanationsrand des Schädels ist an seinem schmalen, zackigen Saum nekrotischer Knochsubstanz (nk'), welche inselförmig in das lebende Knochengewebe eingesprengt erscheint, noch deutlich zu erkennen. Die Anlagerung des jungen Knochengewebes an die todte Grundsubstanz des alten geschieht überall in scharfer, meist ausgebuchteter Linie, wie es früher geschildert ist. Auch hier kann man an vielen Stellen ein deutliches zapfenförmiges Eindringen der von einem Hof junger Grundsubstanz umgebenen Osteoblasten in die todte Grundsubstanz beobachten. Die Anlagerung der jungen Knochenschichten um die Haversischen Räume ist im Allgemeinen um so reichlicher, je grösser und gefässreicher dieselben sind, so dass die kleinsten Canäle in der Regel nur von 1 bis 2 Knochenzellreihen umsäumt sind. Die Knochenzellen des neuge-

bildeten Knochens sind etwas grösser als die des alten im angrenzenden Schädelknochen, die Unterschiede sind hier aber nicht so erheblich wie in den früheren Stadien der Neubildung. Die Markräume des Fragmentes und des Callus sind von Osteoblasten umsäumt und enthalten ein zartes, gefässreichse Mark, welches alle Elemente des alten Markgewebes der Schädeldiploe enthält.
Ein breites, epidurales Bindegewebslager von grobfibrillärem Charakter liegt der tab. int. des Fragmentes resp. ihren jungen Knochenschichten an. Zwischen den breiten wurstartigen Faserzügen desselben, welche sich untereinander verflechten, liegen grosse, dickwandige Blutgefässe. und in allen Präparaten sind in das Bindegewebe grössere und kleinere Knocheninseln eingesprengt. Dieselben lassen fast ausnahmslos einen scharflinig umgrenzten centralen Kern aus nekrotischer Knochensubstanz — Reste versprengter Knochentrümmer — erkennen, und zeigen peripher eine fortschreitende Verknöcherung des Bindegewebes. Die Bindegewebszellen werden hier sehr gross, exquisit sternförmig, verästelt und drängen sich zu dichten Haufen zusammen, während die Intercellularsubstanz verkalkt und ohne scharfe Grenze in die Knochengrundsubstanz auf der einen und die helldurchscheinende Intercellularsubstanz des umgebenden Bindegewebes auf der anderen Seite übergeht.

Das perikranielle Bindegewebslager ist sehr viel zarter und zellenreicher als das epidurale, und geht nach beiden Seiten in das Periost des Schädels ohne Grenze über. Es liegt dem Fragment streckenweise vollkommen an und senkt sich in die Gefässcanäle ein, meist unter Anlagerung junger Knochenschichten. An anderen Stellen ist es durch die bereits erwähnte Resorptionszone von ihm geschieden. Am lebhaftesten ist die Resorption an einer über das Niveau hervorstehenden Kante des todten Fragmentes und greift hier auch auf die benachbarten Partien des neugebildeten Knochens über. (cf. v. LANGENBECK'S Arch. Bd. 46, Taf. VII, Fig. 1, r.)

Im weiteren Verlauf sind neue Erscheinungen nicht mehr zu beobachten. Durch eine fortschreitende Anlagerung junger Knochenschichten wird die todte Knochensubstanz des Fragmentes schliesslich völlig durch lebende ersetzt, und durch fortschreitende Resorptionen wird der neue Knochen modellirt und der Umgebung angepasst. Nach Ablauf des Processes ist die Grenze des ehemaligen Defektes weder makro- noch mikroskopisch deutlich mehr zu erkennen. Doch bindet sich der neue Knochen nicht sklavisch an die Form des replantirten Fragmentes und so entbehrt er charakteristischer Merkmale nicht, welche den ehemaligen Defekt dauernd kennzeichnen. Makroskopisch bestehen dieselben in einer Verschmälerung und dellenförmigen Abflachung des Schädeldaches. Die ungleiche Intensität des Knochenanlagerungsprocesses in den verschiedenen Abschnitten des Implantationsbezirkes — wir sahen ihn in der Tiefe stets lebhafter als in den äusseren Partien des Fragmentes — und die geschilderten Resorptionsvorgänge auf der Oberfläche andererseits erklären diesen Befund sehr leicht. Mikroskopisch zeigt der neue Knochen in unserem Schlussversuch einen mehr spongiösen Bau, die Unterscheidung zwischen Compacta und Diploe ist nicht sehr ausgesprochen. Allerdings handelt es sich da um ein junges Thier, bei welchem diese Differenzirung auch in den intakten Schädeltheilen noch nicht vollendet ist, und der Unterschied in dem Bau des alten und neuen Knochens ist nicht so gross, dass er den neugebildeten Knochen als solchen ohne weiteres charakterisirte. Und wer seine Studien mit einem solchen Versuch beginnt, wird nicht ahnen, was sich hier abgespielt hat. Er dürfte auch die spärlichen Reste nekrotischer Knochensubstanz, welche sich hier in manchen Präparaten inmitten des lebenden Knochengewebes noch finden, übersehen oder missdeuten. Dem suchenden Auge, welches durch die Bilder der früheren Stadien geübt ist, entgehen sie nicht: ein willkommener Befund, der jeden Zweifel über den Hergang des Defektverschlusses auch in diesem Versuche ausschliesst.

Versuch 19. Einem jungen, im Wachsthum befindlichen Spitzhund wird am 27. 4. 93 das linke Stirnbein trepanirt und die ausgesägte Knochenscheibe nach $1/_2$ Min. replantirt. Primäre Heilung. Tödtung nach 106 Tagen am 11. 8. 93. Bei der Sektion ist die Trepanationsstelle auch nach Herausnahme des Schädeldaches zunächst nicht zu finden. Erst nach Ablösung der sehr lose haftenden Dura lassen kreisförmige Unebenheiten der tab. int. den ehemaligen Defektrand vermuthen. Das Schädeldach wird durch diese Stelle quer durchsägt und es zeigt sich, dass das Schädeldach an der ehemaligen Defektstelle stark verdünnt, aber vollkommen geschlossen ist. Am Macerationspräparat präsentirt sich diese Verdünnung als eine dellenförmige Einsenkung der äusseren Schädelfläche. Auf dem Durchschnitt sind Unterschiede in der Substanz des Knochens nicht zu erkennen. Im mikroskopischen Bilde trägt die verschmälertePartie des Schädels einen grobspongiösen Charakter. Die Markräume sind hier kleiner und unregelmässiger angeordnet als in der Nachbarschaft, ihre Zipfel reichen häufig bis dicht unter die Oberfläche, eine Unterscheidung zwischen compakten Knochentafeln und Diploe ist nicht möglich. Feinere Unterschiede zwischen der Knochensubstanz der verschmälerten Partie und des intakten Schädeldaches sind nicht vorhanden. Die Grenze des ehemaligen Trepanationsrandes ist histologisch in keiner Weise nachzuweisen. Dagegen finden sich in einigen Präparaten sowohl nahe der Dura als der äusseren Oberfläche im Bereich der verschmälerten Partie kleine Inselchen kernloser Knochensubstanz inmitten der kernhaltigen. Die Begrenzung dieser Inseln geschieht stets durch eine unregelmässige scharfe Linie wie in den früheren Versuchsbefunden. Das Periost haftet der äusseren Oberfläche des Schädels fest an, an vereinzelten und räumlich beschränkten Stellen finden unter dem Periost Resorptionen von Knochensubstanz unter Betheiligung von Riesenzellen statt.

Die weiteren Schicksale des neuen, den Defekt ersetzenden Knochens habe ich nicht verfolgt. Alles spricht dafür, dass er ungeschmälert erhalten bleibt, sowohl der histologische Befund unseres letzten Versuches als die Beobachtungen Anderer,[1] welche ihre Thiere über Jahr und Tag am Leben erhielten. So dürfen wir also annehmen, dass bei Schädeltrepanationen durch Replantation der Fragmente ein definitiver Knochen-

---

[1] A. MOSSÉ: Recherches de la greffe osseuse hétéroplastique. Arch. de Physiol. norm. et path. 1884 No. 4. M. constatirte in einem Falle noch 45 Monate nach stattgehabter Transplantation den knöchernen Verschluss des Trepanationsdefectes. (Anmerk. während der Correktur).

ersatz in etwa 4 Monaten erreicht wird. Natürlich wird für den zeitlichen Ablauf des merkwürdigen Substitutionsprocesses das Alter des Individuums (die vitale Energie seiner Gewebe) und die Grösse des Defektes (resp. des Fragmentes) von ausschlaggebender Bedeutung sein; das lässt sich aus einem Vergleich unserer Befunde wenigstens vermuthen. Für ein sicheres Urtheil über diese Frage ist ihre Zahl zu gering. Auch muss ich z. Z. die Frage noch offen lassen, ob sich am menschlichen Schädel die Wiedereinheilung replantirter Fragmente, die auch hier bekanntlich bei aseptischem Wundverlauf leicht und sicher gelingt, unter denselben Vorgängen vollzieht wie in den geschilderten Thierversuchen. Es ist mir zum mindesten wahrscheinlich, schon aus dem Grunde, weil bei den verschiedensten Thierspecies der Process immer der gleiche war. Immerhin müssen wir Untersuchungen hierüber erst abwarten. Ich habe erst einmal Gelegenheit gehabt, ein menschliches Präparat zu untersuchen, leider in einem Stadium, welches einen überzeugenden Befund von vornherein nicht erwarten liess und weitgehende Schlüsse nicht gestattet. Ich verdanke das Präparat der Liebenswürdigkeit des Herrn Dr. W. Körte in Berlin, der es von einem Patienten mit complicirter Schädelfraktur gewonnen hatte. Aus der Krankengeschichte, welche mit 4 weiteren Fällen von Replantation ausführlich von Brentano[1]) veröffentlicht worden ist, will ich hervorheben, dass es sich um eine verunreinigte Depressionsfraktur des rechten Scheitelbeines handelte, welche zu sofortiger Meisseltrepanation Veranlassung gab mit einem Defekt von 3,5:7,0 cm. Die herausgenommenen Fragmente wurden in Sublimat desinficirt, während der Operationsdauer in Kochsalzlösung aufbewahrt und alsbald replantirt. Die aseptische Wunde musste nach 7 Tagen wegen bedrohlicher Hirnerscheinungen wieder geöffnet werden. Um die Dura zugänglich zu machen, wurden 2 der tab. ext. und int. entsprechende, übereinanderliegende Fragmente von der Grösse eines halben Markstückes, welche bereits fest hafteten und in Blutcoagula und Granulationen eingebettet waren, wieder entfernt und zur Untersuchung sofort in absoluten Alkohol gelegt, in welchem sie mir zugingen.

In den mikroskopischen Schnitten zeigen sich beide Fragmente an den äusseren Flächen von unzersetzten Fibrinmassen bedeckt, welche sich in die Gefässcanäle des Knochens ununterbrochen fortsetzen. Aehnliche Fibrinmassen füllen auch die Markräume der Diploe und die meisten Haversischen Canälchen aus und überziehen die Bruchflächen der Fragmente. Hier besteht ausserdem eine sehr reichliche Leukocyteninvasion, welche sich in der ganzen Diploe verbreitet und nach den Haversischen Räumen der Compakta hin abnimmt. Dazwischen taucht in den Markräumen ein junges Granulationsgewebe auf, welches zarte Gefässe führt und die (alten) Fett-

---

[1]) ADOLF BRENTANO, Ueber traumatische Schädeldefecte und ihre Deckung. Deutsche med. Wochenschr. 1894, Nr. 17—20.

zellen des Diploemarkes umwächst. Die alten Gefässe des Markes sind untergegangen, kernlos und von leukocytenhaltigem Fibrin erfüllt.

Die Knochenzellen verhalten sich verschieden. Am Frakturrande und in den zerrissenen Knochenspangen der Diploe sind sie ausnahmslos untergegangen, ebenso fehlen sie durchweg in den äussersten Schichten der tab. ext. In den centralen Partien der Compacta, besonders der tab. int. sind sie auf grosse Strecken erhalten. Ihre Kerne sind hier wohlgefärbt. Ein grosser Theil der tinktionsfähigen Knochenzellen weist indess, sobald man sie einer Untersuchung mit starken Systemen (Oelimmersion) unterwirft, schwere Veränderungen auf. Ihre Kerne erscheinen dann zerklüftet, in mehrere Bröckel oder Detritus zerfallen. Andere erweisen sich auch jetzt als völlig intakt.

In der Diploe begegnet man Knochenspangen, deren Rand aufgefasert erscheint und von eindringenden Leukocyten und Granulationszellen besetzt ist. Hiervon abgesehen, finden sich nirgends deutliche Resorptionserscheinungen. Riesenzellenbildung fehlt vollkommen. Nirgends eine Spur von Anlagerung junger Knochenschichten.

Man wird hiernach den Befund als eine fortschreitende Nekrose der Knochensubstanz zu deuten haben. Ob und wieviel Knochenzellen ihre Vitalität gerettet haben, lässt sich jedenfalls nicht entscheiden. Die massenhaften, wenig veränderten Blutcoagula im Inneren der Fragmente und an ihren Flächen; die äusserst spärliche Entwickelung von Granulationsgewebe in diesen Präparaten machen es wahrscheinlich, dass der ganze Heilungsprocess beim Menschen erheblich langsamer abläuft als im Thierversuch. Doch darüber können erst weitere Untersuchungen das letzte Wort sprechen.

Wir haben uns jetzt mit den histologischen Schicksalen von

transplantirten Knochenfragmenten

zu beschäftigen, zu deren Studium ich (aus äusseren Gründen) ausschliesslich Schädelversuche herangezogen habe. Das Capitel fällt kurz aus, aus dem einfachen Grunde, weil es histologisch nichts Neues zu bieten im Stande ist. Das durften wir auch von vornherein erwarten. Wird die Vitalität eines ausgelösten Fragmentes unter den denkbar günstigsten Bedingungen nicht gerettet, wie sie bei einer sofortigen Replantation bestehen: so wird ihr Geschick unter den sehr viel ungünstigeren Bedingungen, welche die Transplantation von Thier zu Thier hierfür bietet, erst recht besiegelt sein. Auf der anderen Seite lagen genügende experimentelle Beweise vor, dass die knöcherne Einheilung solcher Fragmente hier so gut gelingt wie dort. Die Versuche von Ollier, Mossé, Adamkiewicz u. A. stellten das längst ausser Frage. Ja, selbst die Chirurgie hat hierin bereits ihre positiven Erfahrungen. Mac Ewen[1]) transplantirte 1874 ein Fragment aus dem Scheitelbein eines jungen Hundes in den Schädeldefekt eines Patienten und erzielte Ein-

---

[1]) W. Mac Ewen, Observations touchant la transplantation osseuse. Revue de Chirurgie, 1882, T. II, p. 1.

heilung. SEYDEL[1]) ersetzte einen ähnlichen Defekt durch Fragmente, welche er der Tibia des Patienten selbst entnahm; JAKSCH[2]) benutzte hierfür den Schädel einer jungen Gans und RICARD[3]) das Hüftbein eines jungen Hundes: alle mit dem nämlichen, glänzenden Erfolg. Und nicht weniger glänzend sind scheinbar die Erfolge, welche Mac Ewen[4]), PONCET[5]), v. BRAMANN[6]) u. A. bei Defekten der langen Röhrenknochen durch Transplantation lebender Knochenstücke erzielten. Und so retten diese Beobachtungen die Glaubwürdigkeit jenes sagenhaften Falles, den uns JOB A MEEK'ren[7]) anno 1682 überliefert hat. „Ein adliger Russe", so lautet der Bericht, „hatte im Jahre 1670 in Folge eines Säbelhiebes einen grossen Schädeldefekt davongetragen und ein Chirurg legte in denselben ein entsprechendes, von einem Hund entnommenes Schädelstück ein. Das Knochenstück heilte ein. Als aber die Diener der Kirche davon Kunde erhielten, erklärten sie ein derartiges Heilverfahren für höchst unstatthaft, und um nicht als Ketzer zu gelten, musste sich der Edelmann das profane Knochenstück wieder ausschneiden lassen." Die histologische Forschung entkleidet alle diese Fälle des Mystischen, das ihnen in den Augen Vieler noch anhaftet. Einige wenige Thierversuche stellten es uns ausser Zweifel, dass die von Thier zu Thier überpflanzten Fragmente histologisch dieselbe Rolle spielen wie replantirte: sie sterben ab und werden in ganz derselben Weise wie diese durch jungen Knochen ersetzt. Dabei ist es belanglos, ob man zwischen Thieren derselben oder verschiedener Species überpflanzt: die histologischen Heilungsvorgänge und die praktischen Erfolge sind ceteris paritus genau dieselben. Die Unterschiede, welche in dieser Beziehung behauptet worden sind, haben rein äussere Ursachen, nicht innere. Wie kann man hier Knochentransplantionen, die man unter die Haut oder in den Kamm eines Hahnes macht, in

---

[1]) SEYDEL, Eine neue Methode, grosse Knochendefecte des Schädels zu decken. Centralblatt f. Chir., 1889, p. 209.

[2]) R. JAKSCH, Zur Frage der Deckung von Knochendefecten des Schädels nach der Trepanation. Wiener med. Wochenschr., 1889, p. 1436.

[3]) Bei J. L. MOISSON, Des différentes méthodes d'oblitération des pertes de substance du crane. Thèse de Paris, 1891, p. 41.

[4]) l. c.

[5]) A. PONCET, Des greffes osseuses dans les pertes de substance étendues du squelette. Congrès franç. de Chir. II. Proc. verb. 1887, p. 363.

Derselbe: Transplantation osseuse interhumaine dans un cas de pseudarthrose du tibia gauche. Comptes rendus de l'Acad. d. sc., 1887, p. 929.

Derselbe, Résultats éloignés des greffes osseuses dans les pertes de substance étendues du squelette. Congr. franç. de Chir., 1889, Proc. verb., 1890, p. 301.

[6]) v. BRAMANN, Verh. des XXIII. Congresses der deutschen Ges. f. Chir. 1894.

[7]) cit. nach WOLFF, v. Langenbeck's Arch., Bd. 4, p. 203.

gleiche Linie stellen mit Replantationsversuchen oder mit Transplantationen in Knochendefekte? Wie kann man heteroplastische Versuche, welche zu Eiterung führten, in Parallele stellen mit auto- oder homoplastischen, welche aseptisch verliefen? Wie kann man die Ursache der Eiterung in dem Boden, auf welchen man überpflanzt, suchen wollen und nicht in einer Infection von aussen, welche begreiflicher Weise bei einem complicirten Versuch weniger leicht vermieden wird, als bei einem uncomplicirten? Wie, endlich, kann man sich wundern, wenn Fragmente, die einen Knochendefekt nicht ausfüllen, oder die dislocirt werden, nicht knöchern, sondern bindegewebig einheilen? Nur Versuche, welche unter denselben äusseren Bedingungen angestellt und durchgeführt sind, lassen hier füglich einen Vergleich zu, und uns schien die einfachste Versuchsanordnung die beste. Wir beschränkten uns auf 4 Schädeltrepanationsversuche, bei welchen wir die ausgesägten Fragmente zwischen Hund und Hund oder zwischen Hund und Kaninchen und umgekehrt vertauschten, und wir erzielten in jedem einzigen Falle knöcherne Einheilung. Und als wir hier die histologischen Bilder der Replantationsversuche wiederfanden, lag für uns kein Grund vor, das Studium dieser Frage über diese wenigen Versuche hinaus auszudehnen. Ein solcher Grund fehlte für uns um so mehr, als wir uns von den Anschauungen unserer Vorgänger viel weniger in diesem als in dem vorigen Capitel entfernen, denn für die Transplantationen zwischen Thieren verschiedener Species hat OLLIER auf Grund makroskopischer Beobachtungen einen ähnlichen Heilungsmodus bereits zugegeben, wie wir ihn hier für sämmtliche Knochenimplantationen, die zu knöcherner Heilung führen, histologisch begründet haben und behaupten.

Als Beleg gebe ich die Protokolle dreier Specimina in extenso.

Versuch 21. Einem ausgewachsenen Dachshund wird am 24. 11. 92 in eine Trepanationslücke über dem linken Schläfenbein nach 15 Min. die frisch ausgelöste Knochenscheibe eines alten Pinschers implantirt, die Wunde wird darüber geschlossen und heilt p. pr. Nach 26 Tagen, am 20. 12. 92 wird das Thier getödtet und bei der Sektion erweist sich das Fragment festsitzend von Dura und Periost überzogen, seine Substanz ist auf der Schnittfläche von normalem Aussehen, doch rareficirt, die Diploeräume erscheinen stark erweitert (cf. Fig. 2. Taf. VI in v. LANGENBECK'S Archiv Bd. 48, welche ein Loupenphotogramm dieses Präparates darstellt). Im mikroskopischen Bilde erweist sich die Substanz des transplantirten Fragmentes abgestorben. Ihre Knochenzellen sind ausnahmslos untergegangen, nirgends sind auch nur Reste ihrer Kerne zu erkennen. Die Verbindung des todten Fragmentes mit dem (ebenfalls nekrotischen) Defektrande des Schädels geschieht durch einen spongiösen Knochencallus, ähnlich, wie er in früheren Versuchen geschildert ist, indem sich die junge Knochensubstanz der todten unmittelbar anlegt und in dieselbe zapfenförmig vordringt. In manchen Präparaten ist der Spalt zwischen den Trepanationsrändern des Fragmentes und des Schädels durch derbes Bindegewebe ausgefüllt, welches sich von Dura und Periost her einsenkt. Aber auch hier fehlt eine Anlagerung schmaler Knochenschichten an die Trepanationsränder nicht. Die erweiterten Markräume der Diploe und die ebenfalls stark erweiterten Haversischen Canäle sind mit einem derben, strähnigen, gefässreichen Bindegewebe ausgefüllt und zeigen am Rande eine ausgedehnte Anlagerung junger Knochenschichten. In den grossen Diploeräumen setzen sich diese jungen Knochenschichten häufig in central gerichtete Zapfen fort, um in eine typische Verknöcherungszone des angrenzenden Bindegewebes überzugehen. An anderen Stellen ist durch diese fortschreitende Verknöcherung bereits ein junges, der Markraumwand angelagertes Balkenwerk entstanden. Aehnliche Vorgänge finden sich an der duralen Fläche des Fragmentes, welche in ganzer Flucht eine Knochenanlagerung aufweist. Dagegen hat sich das Periost der äusseren Fragmentfläche nicht angelegt, ist vielmehr von ihr durch eine Resorptionszone getrennt. Lange Reihen von Riesenzellen lagern hier dem ausgenagten Rande an. Auch am Rande der grossen Markräume sind derartige Resorptionsvorgänge, auf kurze Strecken beschränkt, zu verzeichnen.

Versuch 22. Einem jungen Spitzhund wird am 5. 10. 93 ein Trepanationsdefekt im rechten Scheitelbein nach 10 Min. durch die soeben ausgelöste Knochenscheibe des folgenden Versuchsthieres (altes Kaninchen) ersetzt. Die Heilung erfolgt p. pr., das Thier acquirirt aber die Staupe und muss nach 21 Tagen am 26. 10. vorzeitig getödtet werden. Bei der Sektion erweist sich das Fragment so tadellos eingeheilt, dass selbst auf der Sägefläche, welche quer durch die Trepanationsstelle gelegt wird, der ehemalige Defekt nur mühsam zu erkennen ist. Die Grenze wird durch einen zarten, weisslichen Bindegewebsstreifen markirt, der bei Loupenbetrachtung deutlich hervortritt.

Erst bei mikroskop. Betrachtung erkennt man, dass die eingeheilte Kaninchenknochenscheibe etwa nur die halbe Dicke des Hundeschädels hat. Sie ist kernlos, ihre Knochenkörperchen erscheinen als leere Lücken oder sind mit körnigen Detritusmassen erfüllt. Ihre äussere Oberfläche steht im Niveau des Schädeldaches und ist von einer ununterbrochenen Fortsetzung des Schädelperiostes überzogen. Dasselbe legt sich dem Knochen an und senkt sich von der Oberfläche in die Gefässcanäle ein, an vereinzelten Stellen ist es etwas abgehoben, während hier Riesenzellen den freien Rand der todten Knochensubstanz besetzen. Die durale Oberfläche des Fragmentes steht etwa in Höhe der Diploe des angrenzenden Hundeschädeltheiles. Der Raum zwischen ihr und der duralen Fläche des Fragmentes eine umfangreiche Anlagerung jungen Knochengewebes, theils schichtweise, theils als ein flaches Bälkchenwerk, welches sich in das Bindegewebslager über der Dura vorschiebt. Auch um die Gefässcanäle und Markräume des todten Fragmentes ist die Knochenanlagerung sehr deutlich, besonders reichlich um die Diploeräume am Trepanationsrande. Die Markräume selbst sind mit einem fetthaltigen Markgewebe erfüllt, welches sich durch seinen Zellenreichthum gegenüber dem Mark der angrenzenden Schädeldiploe auszeichnet. An anderen Stellen, besonders am Rande, ist es durch ein zellenreiches Bindegewebe ersetzt. Die Verbindung zwischen den Trepanationsrändern ist noch keine vollkommen knöcherne. Es besteht zwar am nekrotischen Rande des Schädeldefektes sowohl als am Trepanationsrande des Fragmentes eine deutliche Anlagerung junger Knochenschichten. Dieselben erreichen sich aber nur in den wenigsten Präparaten und auch hier nur an umschriebenen Stellen, im übrigen sind sie durch derbe, von Dura und Perikranium her sich einsenkende Bindegewebszüge geschieden.

Versuch 23. Trepanation eines alten Kaninchens über dem rechten Scheitelbein am 5. October 1893 und Ersatz des Defektes durch die 10 Min. zuvor ausgelöste Knochenscheibe des vorigen Versuchsthieres (junger Hund). Heilung p. pr. Tödtung nach 39 Tagen am 13. November 1893. Vollkommen knöcherne Einheilung trotz Schrägstellung und starker Dislokation des implantirten Fragmentes. Dasselbe erweist sich mikroskopisch als abgestorben (kernlose Knochenzellen). Mark- und Gefässräume des Fragmentes stark erweitert, von Granulationsgewebe, in den äusseren Abschnitten von Fibrin und Detritus erfüllt. Dazwischen Knochentrümmer, von Leukocyten und Granulationsgewebe umgeben. Resorptionslakunen an der äusseren Oberfläche und um die Gefässräume der tab. ext. des Fragmentes. Reichliche Knochenanlagerung an der duralen Fläche desselben und um die benachbarten Gefässräume. Die Verbindung zwischen Schädel und Fragment geschieht auf der einen Seite durch einen breiten, spongiösen Knochencallus, auf der anderen liegt die durale Fläche des dislocirten Fragmentes dem Trepanationsrande des Schädels an und ist durch junge Knochenschichten mit ihm fest vereinigt. Typische, festonartige Grenzlinie an der Vereinigungsstelle. Periost über dem Fragment sehr zellenreich, setzt sich ununterbrochen in das Schädelperiost fort und senkt sich in die durch Resorption eröffneten Gefässräume des Fragmentes ein.

Ueber die Bedeutung des Periostes für das Schicksal implantirter Fragmente.

OLLIER und nach ihm SCHMITT haben der Erhaltung des Periostes auf der Oberfläche implantirter Fragmente eine wesentliche Bedeutung für deren Schicksal beigemessen, indem sie meinen, dass die Vitalität der Fragmente hierdurch sicherer gerettet werde. Wiewohl diese Ansicht der histologischen Begründung entbehrt, so sprachen doch die erfolgreichen Versuche der Periosttransplantation zweifellos zu ihren Gunsten. Bekanntlich glückte es OLLIER und WOLFF, völlig abgetrennte Periostlappen unter die Haut und in die Muskulatur bei Kaninchen einzuheilen und sogar eine heterotopische Knochenreproduction dadurch zu erzielen. Die Versuche sind einwandsfrei und von BONOME[1]) an Ratten mit demselben Erfolge wiederholt. BONOME hat dann die Kenntniss dieser Thatsache durch eine histologische Beschreibung der einzelnen Phasen dieser heterotopischen Knochenbildung erweitert. So interessant nun diese Versuche sind, so erscheint es gewagt, die Beurtheilung der Eingangs aufgeworfenen Frage von ihnen abhängig zu machen. Denn einmal sind diese Versuche nur vereinzelt und nur bei gewissen Thierspecies geglückt, und ferner ist der auf diese Weise erzeugte Knochen

---

[1]) A. BONOME, Zur Histogenese der Knochenregeneration. Virchow's Archiv, Bd. 100, p. 293.

fast ausnahmslos der alsbaldigen Resorption anheimgefallen. So viel ich sehe, existirt nur eine einzige Beobachtung vom Kaninchen, welche den Bestand der heterotopischen Knochenmasse über 3 Jahre beweist (OLLIER, Traité I, p. 413), und auch hierüber fehlt uns ein genauerer Befund. So werden wir also gut thun, unser Urtheil auf ad hoc angestellte und histologisch klargestellte Versuche zu gründen. Da habe ich nun in einer Reihe von Trepanationsversuchen, in denen das Periost nicht abgelöst, sondern vor Ansatz der Trepankrone umschritten und auf der Oberfläche des Fragmentes sorgfältig erhalten wurde, einen Unterschied gegenüber den Replantationen mit Ablösung des Periostes nicht finden können. Das Fragment starb auch hier regelmässig ab, um von neuem Knochen substituirt zu werden, wie in jenen Versuchen. Auch habe ich mich nicht davon überzeugen können, dass das Perioststück selbst ein günstigeres Geschick gehabt hätte als der Knochen. Es starb in unseren Versuchen wie dieser ab und wurde von dem Periost der Umgebung aus regenerirt. Ich habe allerdings die Veränderungen des überpflanzten Periostes während der ersten Heilungsstadien nicht zum Gegenstand eines besonderen Studiums gemacht, aber die Bilder, welche sich uns in den späteren Stadien boten, waren charakteristisch genug, um einen Rückschluss zu gestatten. Die periostale Decke des Fragmentes bestand hier aus einem zellenreichen, jungen Bindegewebe, welches sich nach beiden Seiten im Periost des angrenzenden Schädelstückes verlor, durch eine Reihe von Riesenzellen von der Fragmentfläche geschieden und nur in den peripheren Theilen dem Knochen sich anlegend und neue Knochenschichten bildend. Die gleichen Bilder erzielten wir in analogen Versuchen an langen Röhrenknochen. Mir scheinen diese Befunde beweiskräftiger als klinische Beobachtungen in ihrer subjektiven Deutung, wie sie OLLIER [1]) und SCHMITT für ihre Auffassung ins Feld führen.

Wesentlich anders liegen natürlich die Verhältnisse, sobald eine genügend breite Ernährungsbrücke des Periostes erhalten wird, wie bei

---

[1]) OLLIER, De la greffe osseuse chez l'homme. Archives de physiol. norm. et patholog., 1889, p. 168.
O. pflanzte in einen grossen Defekt der Tibia, welcher nach einer subperiostalen Diaphysenresektion wegen Osteomyelitis bei einem 17jähr. Mädchen zurückgeblieben war, ein 144 mm langes, von Periost bedecktes Fragment aus der gesunden Tibia und vernähte die Haut darüber. Die Wunde heilte, brach aber nach 3 Wochen wieder auf und eiterte. Nach $3\frac{1}{2}$ Monaten wurde ein grosser Sequester extrahirt, der Knochendefekt hatte sich aber etwas verkleinert. Daraus, dass auf dem Seqnester das Periost nicht mehr vorhanden war, schliesst er, das Periost sei eingeheilt und habe zur Knochenneubildung beigetragen! Und diese Argumentation macht auch SCHMITT ohne Bedenken zu der seinen.

den temporären Schädelresectionen nach WOLFF [1]) und WAGNER [2]). Dass hier die vom Periost in das Fragment sich einsenkenden Gefässe seine Ernährung in ausgiebiger Weise besorgen, liess sich schon nach den Erfahrungen der Chirurgie mit aller Wahrscheinlichkeit annehmen. Die Sicherheit, mit welcher handtellergrosse und grössere Hautperiostknochenlappen am menschlichen Schädel nach ihrer Reposition wiedereinheilen, lässt schwerlich eine andere Deutung zu und es könnte fast müssig erscheinen, den anatomischen Beweis hierfür anzutreten. Mir schien der Heilungsvorgang nach diesen Operationen einer genauen Untersuchung werth, denn die Arbeit von SACK [3]), welche diesen Gegenstand behandelt, lässt uns über die wichtigsten Fragen im Unklaren.

In einer ersten Versuchsreihe bildete ich bei Meerschweinchen und Hunden am Schädel Periostknochenlappen — womöglich in ganzer Dicke des Schädeldaches — mit Erhaltung einer hinteren Periostbrücke und replantirte die Knochenstücke sofort an Ort und Stelle. Die Operation wurde in der Weise ausgeführt, dass in einen 1—2 cm breiten Querschnitt über dem Scheitelbein ein Meissel eingesetzt und etwas schräg durch den Schädel getrieben wurde. Von den seitlichen Grenzen dieser Knochenwunde aus wurde das Periost durch verticale Schnitte nach hinten gespalten und in derselben Richtung der Schädel mit einem schmalen Meissel eingemeisselt. Dann wurde der Meissel in die (vordere) quere Knochenwunde wieder eingesetzt und durch Hebelbewegungen wurde der von 3 Seiten umgrenzte Periostknochenlappen nach hinten herausgebrochen. So gelang es stets, das Periost im Bereich der Bruchlinie zu schonen. Der alsdann replantirte Periostknochenlappen wurde durch Periostnähte fixirt, die Hautwunde durch Naht geschlossen.

Die Präparate, welche dem 3. bis 30. Heilungstage entstammen, zeigten nun übereinstimmend das replantirte Fragment in grösster Ausdehnung wohlerhalten. Namentlich in den centralen und dem Periost nahe gelegenen Partien verhielten sich die Knochenzellen durchaus normal und auch die Mark- und Gefässräume liessen hier Veränderungen nicht erkennen. Dagegen zeigten die Meissel- und Bruchflächen des Fragmentes sowohl als der Schädelwunde einen breiten Saum nekrotischen Knochengewebes. Uns wird dieser Befund nicht überraschen. Sahen wir doch in den Trepanationsversuchen den Defektrand des Schädels ganz regelmässig der Nekrose anheimfallen und begegnen wir doch in den Extremitätenversuchen derselben Erscheinung. Es zeigen gerade solche Befunde sehr schlagend, wie empfindlich sich die Knochen-

---

[1]) WOLFF, l. c.
[2]) W. WAGNER, Die temporäre Resection des Schädeldaches an Stelle der Trepanation. Centralblatt für Chir., 1889, p. 833.
[3]) FERDINAND SACK, Die feineren anatomischen Vorgänge bei der Einheilung temporär dislocirter Knochenstücke flacher Knochen. Inaug.-Diss. Würzburg. 1892.

zellen gegen lokale und vorübergehende Anämien verhalten, und dass an dieser Hinfälligkeit des Knochengewebes jeder Versuch einer wirklichen Knochenpfropfung scheitern muss. Uebrigens ist schon von BONOME festgestellt worden, dass in der Umgebung der Bruchflächen bei Frakturen und Infraktionen die Knochenzellen absterben, und so ergiebt sich das allgemeine Gesetz, dass jede Continuitätstrennung des Knochens, mag sie durch Säge, Meissel oder Fraktur erzeugt sein, eine Nekrose des Knochenwundrandes zur Folge hat.

Im Bereich der eigentlichen Knochenwunde haben wir demnach in unseren Versuchen analoge Verhältnisse wie nach der Implantation völlig ausgelöster Fragmente, und dementsprechend finden wir hier die nämlichen Heilungsvorgänge wieder. Die nekrotischen Knochenflächen werden zunächst durch ein Fibrincoagulum mit einander verklebt, dann beginnt eine Bindegewebsproliferation im Periost und im Mark der eröffneten Markräume und sehr schnell ersetzt junges Granulationsgewebe das Coagulum im Bereich des Defektes. So kann schon in der zweiten Woche der bindegewebige Verschluss der Knochenwunde ein vollkommener sein. Noch ehe dieser vollendet, kommt es aber schon zu einer Anlagerung junger Knochenschichten an die nekrotische Substanz der Resektionsflächen, ein osteoides Gewebe schiebt sich von hier aus gegen die Narbe vor, ein zierliches Balkenwerk aufbauend, und indem sich die jungen Knochenzapfen und Bälkchen von beiden Knochenflächen her einander entgegenwachsen und mit einander verbinden, wird die Narbe binnen Kurzem durch einen spongiösen Knochencallus ersetzt. Aber auch um die Gefässräume- und Canälchen der nekrotischen Zone kommt es zu einer schichtweisen Anlagerung junger Knochensubstanz in der früher geschilderten Weise, und so wird auch hier die todte Knochensubstanz langsam zurückgedrängt und schliesslich ganz von lebendem Knochengewebe ersetzt. So ist denn die Identität der Heilungsvorgänge mit den früher beschriebenen eine vollkommene.

Versuch 26. Grosser Pintscher, Operation am 27. IV. 1893 in der angegebenen Weise, aseptischer Wundverlauf. Tödtung nach 16 Tagen. Das Schädelfragment liegt gut im Defekt und ist knöchern verwachsen, von Periost bedeckt. Am Macerationspräparat wird es vorn von einer queren Defektrinne begrenzt, welche in die zarte Knochennarbe übergeht. Letztere hat eine keilförmige Gestalt und reicht nur bis in die Diploe, die tab. int. ist intakt (cf. Fig. 8, Taf. VI in v. LANGENBECK's Archiv Bd. 48, Loupenphotogramm des Präparates). Mikroskop. Befund: In Schnitten, welche den centralen Partien des Knochenlappens entsprechen, erweist sich die Substanz des letzteren grossen Theils intakt. Seine Knochenzellen sind hier kernhaltig, die Markräume von einem zarten, gefässreichen Mark erfüllt, mit Osteoblasten umkleidet, die Haversischen Canäle gefässhaltig. Dagegen sind die Meissel- und Bruchflächen von einem breiten Saum nekrotischen Knochengewebes umgeben, ebenso wie die Umgebung der Schädelwunde aus nekrotischer Knochensubstanz besteht. An diese nekrotische Knochensubstanz legen sich junge Knochenschichten gegen den Defekt hin an, in scharfer, festontiger Linie, wie es früher geschildert ist. Häufig kann man auch hier ein zapfenförmiges Eindringen der Osteoblasten in die todte Grundsubstanz beobachten. Eine ähnliche Knochenanlagerung besteht um die Haversischen Canälchen und Gefässräume der nekrotischen Knochenzone. In dem Bruchspalt und in den tieferen Partieen des Meisselspaltes gehen die jungen Knochenschichten in ein osteoides Balkenwerk über, welches den Spalt völlig ausfüllt. In den äusseren Partieen des etwas klaffenden Meisselspaltes sind die jungen Knochenschichten durch Bindegewebe von einander getrennt, welches sich keilförmig vom Periost her einsenkt und sich in dem osteoiden Gewebe in der Tiefe verliert. Es schliesst einen grösseren nekrotischen Knochensplitter ein, dessen Rand lacunär ausgenagt und mit Riesenzellen besetzt ist. Das Periost liegt der Oberfläche des replantirten Fragmentes fest an, stellenweise finden sich junge Knochenanlagerungen unter dem Periost.

In Schnitten, welche den Randpartieen entsprechen, erscheint das Schädelfragment fast total nekrotisch, selbst in der Nähe des Periostes. Um so ausgedehnter ist hier aber die Knochenanlagerung am Rande und um die Gefässräume der nekrotischen Knochensubstanz.

Dieser letzte Befund in den dünnen Randpartien des Knochenlappens liess mich vermuthen, dass die Knochensubstanz in dünnen Periostknochenlappen, wie sie zu rhinoplastischen Zwecken und zur Deckung von Schädeldefekten nach dem Vorgange von Müller[1]) und König[2]) verwendet werden, deren Schicksal theilt und ebenfalls der Nekrose anheimfällt. Der wesentliche Unterschied gegenüber dem vorigen Verfahren besteht darin, dass hier nur dünne Knochenschichten im Zusammenhange mit einem gestielten (Haut-) Periostlappen überpflanzt werden und zwar in eine Weichtheilswunde, also auf einen Boden, welcher ossificirende Eigenschaften — wie in den bisherigen Versuchen — nicht besitzt. Es ist klar, dass hierdurch die Bedingungen für eine dauernde Erhaltung der überpflanzten Knochentheile wesentlich verschlechtert sind. Wenn trotzdem die Chirurgie von glänzenden Erfolgen dieser Methode zu berichten weiss, so werden die Dauerresultate erst abgewartet werden müssen. Die folgenden Versuche, welche zur Klarlegung dieser Verhältnisse an einem jungen Jagdhund vorgenommen wurden, legen es nahe, dass die Methode ihre Leistungsfähigkeit in erster Linie der Erhaltung der osteogenetischen Schicht des Periostlappens verdanke. Die dünne Knochenschicht starb hier vollständig ab, vom Periost aus kam es aber zu einer so massigen Knochenneubildung, dass die transplantirte Knochenschicht nach kurzem mehr als verdoppelt war.

Ich stellte die Versuche (30 u. 31) in der Weise an, dass ich am Scheitelbein nach Freilegung des Periostes einen 1 cm breiten, dünnen Periostknochenlappen mit Erhaltung einer hinteren Periostbrücke von vorn nach hinten mit dem Meissel ausschälte und den Lappen nach

---

[1]) Müller: Zur Frage der temporären Schädelresection an Stelle der Trepanation. Centralbl. f. Chir. 1890 No. 4.

[2]) F. König, Der knöcherne Ersatz grosser Schädeldefecte. Centralbl. f. Chir., 1890, p. 497.

hinten umschlug, so dass seine Knochenwundfläche unter die Haut zu liegen kam. Durch eine Periostnaht wurde der Lappen in dieser Lage befestigt und die Hautwunde darüber vernäht. Nach 22 resp. 35 Tagen zeigte sich in beiden Versuchen der gleiche Befund. Ein 1 cm hoher, hahnenkammförmiger Knochenwulst sitzt dem Schädel in verticaler Richtung unbeweglich auf, an der Basis breiter als die Dicke des Schädeldaches beträgt. Letzteres zeigt vor dem Kamm, dem Meisseldefekt entsprechend, eine flache, zerklüftete Mulde. Auf der Sägefläche des Macerationspräparates kann man mit der Loupe die Reste der transplantirten Knochenschicht als keilförmigen, nahe der Vorderfläche des Kammes gelegenen, compakten Knochenstreifen inmitten der zartspongiösen übrigen Substanz des Knochenwulstes deutlich erkennen. Im mikroskopischen Bilde erweist sich dieser keilförmige Knochenstreifen, welcher sich durch seinen Bau als alten, der Tab. ext. entstammenden Knochen charakterisirt, total nekrotisch. Seine Knochenzellen fehlen, während um die gefässhaltigen Haversischen Canälchen und Räume junge Knochenschichten in scharfer Linie angelagert sind. Die Rückfläche dieses Keils ist von einem sehr breiten Mantel spongiöser Knochenmasse bekleidet, welche sich subperiostal entwickelt hat und deren Bälkchen vorwiegend vertical zur Fläche stehen. Auch die Vorderfläche des Keiles ist von einer schmalen, sich nach oben verjüngenden Schicht jungen Knochengewebes überdeckt. Die Anlagerung der lebenden Knochensubstanz an die todte geschieht in der früher beschriebenen Weise, in scharfer, buchtiger, unregelmässiger Linie. Die Basis des Knochenwulstes ist mit der Schädeloberfläche durch spongiöse, unregelmässig angeordnete Knochensubstanz verschmolzen, welche nach vorn in ein osteoides Gewebe übergeht. Letzteres wiederum verliert sich in einem massigen, vom Periost gelieferten und das Ganze umhüllenden Bindegewebslager.

Selbstverständlich ist für die ungewöhnlich lebhafte Knochenneubildung in diesen Versuchen das jugendliche Alter des Versuchsthieres in Rechnung zu setzen.

Wir haben die Vorgänge, wie sie sich nach Replantationen am Schädel vollziehen, erschöpft, und wollen uns jetzt den analogen Versuchen an den

Extremitätenknochen

zuwenden.

Dieselben gesondert zu erörtern, erweist sich zweckmässig, weil es die Beschreibung vereinfacht und erleichtert. Dies ist aber auch der einzige Grund für eine solche Trennung. Denn im Princip sind hier die Heilungsvorgänge dieselben wie am Schädel, und es giebt keine Unterschiede, welche sich nicht aus der Verschiedenheit des anatomischen

Baues ohne Weiteres erklärten. Eine Unterscheidung, wie sie SCHMITT von dem Gesichtspunkte aus durchzuführen sucht, dass von implantirten Stücken der langen Röhrenknochen eine Funktion verlangt werde, während dies am Schädel nicht der Fall ist, halte ich für wenig glücklich und vom histologischen Standpunkte aus für unhaltbar. An sich heilt ein Knochenfragment in einen Defekt des Humerus oder der Tibia genau ebenso gut und sicher ein wie in einen solchen des Schädels, und sein Schicksal ist hier dasselbe wie dort: es stirbt ab und wird von jungem Knochen ersetzt. Voraussetzung ist nur, dass das Fragment den Defekt gut ausfüllt, dass es während der Heilungszeit genügend fixirt wird und dass die Wunde aseptisch bleibt. Gewiss sind diese Voraussetzungen aus technischen Gründen an den Extremitätenknochen schwieriger zu erfüllen als am Schädel, und weit häufiger als dort erleben wir hier Misserfolge durch Dislokation des Fragmentes oder Eiterung. Heilt ein implantirtes Fragment aber ein, so leistet es im Röhrenknochen so gut und so schlecht Funktion wie im Schädel: so gut, als es zu einem Ersatz des Defektes durch lebendes Knochengewebe führt; so schlecht, als es selbst abstirbt und bis zur Vollendung jenes Ersatzes nur die Rolle eines Fremdkörpers spielt. Eine aktive Funktion leistet es also überhaupt nie und eine passive leistet es hier so gut wie dort. Die Grenzen dieser passiven Funktion festzustellen, mag dem Bedürfniss des Chirurgen entsprechen und deckt sich im Grossen und Ganzen mit der Aufgabe, welche sich SCHMITT für seine Versuche stellt. Die Frage beantwortet sich aus einer experimentellen Berücksichtigung der Art des Defektes, der Grösse und Beschaffenheit des Fragmentes, der vitalen Energie der Gewebe, in welche man überpflanzt, und anderer Faktoren: wir werden sie im Folgenden unerörtert lassen, und wollen auch hier den Heilungsvorgängen durch ein Studium möglichst einheitlicher und uncomplicirter Versuche nachgehen.

Am einfachsten und übersichtlichsten liegen die Verhältnisse nach einer wandständigen Resektion z. B. des Humerus mit Eröffnung der Markhöhle. Replantirt man das Fragment und fixirt es durch Periostnähte im Defekt, so erfolgt hier die knöcherne Wiedereinheilung ebenso schnell wie am Schädel. Schon am Ende der zweiten Woche pflegt dieselbe so fest zu sein, dass man das Präparat unbeschädigt aufsägen kann. Dann erkennt man sehr deutlich, dass die Befestigung des Fragmentes im wesentlichen durch einen Markcallus geschieht, der die Markhöhle im Resektionsgebiet und darüber hinaus auf das Aeusserste einengt (cf. Fig. 5, Taf. VI, v. LANGENBECK's Arch. Bd. 48, auch Fig. 6 u. 7 ebenda). Ganz regelmässig findet man ferner eine subperiostale Knochenneubildung in der Umgebung der Resektionswunde, der bei der Operation stattgehabten Periostablösung entsprechend, und bisweilen senkt sich dieser periostale Callus in den Defektspalt ein, um mit dem Markcallus zu verschmelzen, oder schlägt sich auch auf die Fragmentfläche hinüber. Das ist aber keineswegs regelmässig der Fall und geschieht erst verhältnissmässig spät, ebenso wie sich das Periost der Oberfläche des Fragmentes erst spät anlegt — genau wie am Schädel. Im Uebrigen muss hervorgehoben werden, dass die Substanz des Fragmentes auf der Sägefläche weder in frischen noch in Macerationspräparaten Unterschiede im Aussehen gegenüber der Diaphysencorticalis erkennen lässt. Hat man eine Gefässinjection vorgenommen oder hat man während der Heilungsdauer Krapp gefüttert, so wird die Identität noch schlagender, und es erscheint begreiflich, wie derartige Bilder immer und immer wieder die Ueberzeugung befestigten, dass das replantirte Fragment seine Vitalität gerettet haben müsse. Und doch erweist auch hier das Mikroskop diese Annahme in jedem einzelnen Falle als irrig. Das Fehlen der Knochenzellkerne in gefärbten Schnitten lässt über den Zustand des Fragmentes keinen Zweifel.

Ueber die histologischen Heilungsvorgänge ist im Wesentlichen nichts Neues zu berichten. Sie spielen sich in denselben Phasen ab wie am Schädel und auch zeitlich deckt sich der Ablauf der Erscheinungen mit jenen. Ein junges, vom Mark ausgehendes Granulationsgewebe verdrängt das Coagulum, welches das Fragment während der ersten Tage umhüllt, und auch vom Periost setzt die Entwickelung eines Granulationsgewebes ein, welches ersterem entgegenwächst und die äussere Oberfläche des Fragmentes überzieht. Sehr bald sehen wir seine Zellen in das Fragment selbst vordringen, in die Lücken und Spalten der Meisselfläche und in die spärlichen Gefässcanäle, welche die todte Corticalis durchziehen. Noch ehe das aber vollendet, beginnt auch schon am Rande der Markhöhle in Nachbarschaft der Resectionswunde die Entwickelung eines spongiösen Knochenwerkes und schnell schiebt sich dasselbe in das Granulationsgewebe vor. Wo es das Fragment und die Resectionsflächen erreicht, da legt es junge Knochenschichten an die todte Knochengrundsubstanz an, in scharfer, vielbuchtiger Linie, in alle Spalten eindringend (Fig. 6), wie es in den Schädelversuchen beschrieben wurde. Dann verbreitet sich der Process auch auf die Gefässcanäle des Fragmentes und durch immer neue Anlagerungen junger Knochensubstanz wird die todte Substanz von allen Seiten her zurückgedrängt. In ganz ähnlicher Weise werden Knochensplitter, welche in die Markhöhle dislocirt waren, von jungen Knochenschichten- und Bälkchen umfasst und erscheinen dann mitten im Callus fixirt, fest eingemauert, wie es schon JAKIMOWITSCH [1]) des Genaueren beschrieben und abgebildet hat. In späteren Stadien werden auch sie von jungem Knochengewebe ersetzt und ich verfüge über Bilder, in denen die

---

[1]) JAKIMOWITSCH, l. c. p. 224 u. Fig. 3, Taf. IV. In der Abbildung fehlen die Kerne der Knochenkörperchen sowohl im Fragment als im Callus!

Knochenanlagerung nicht nur am zackigen Rande des Splitters, sondern auch im Innern um Haversische Canäle stattfindet. Was nun die Entwickelung des Markcallus anlangt, so geht derselbe ohne knorpeliges Zwischenstadium aus einem osteoiden Gewebe hervor, welches aus einer unregelmässigen Anhäufung grosser, rundlicher oder polygonaler Zellen besteht. Letztere zeigen einen mässig grossen, dunkelgefärbten runden Kern, meist wandständig, und sind ausserordentlich reich an einem bisweilen feingekörnten Protoplasma, welches sich mit Eosin etwas dunkler färbt als die Grundsubstanz der fertigen Knochenbälkchen. Diese Zellen liegen an der Verknöcherungszone so dicht beisammen, dass man kaum eine Zwischensubstanz erkennen kann. Centralwärts rücken sie etwas auseinander, von einer Zwischensubstanz geschieden, welche ohne scharfe Grenze in die junge Knochengrundsubstanz übergeht. Die fertigen Bälkchen sind mit einer Reihe ebensolcher Zellen umkleidet und umschliessen zierliche Markräume, welche mit einem zarten Markgewebe erfüllt sind. Dieses trägt häufig den Charakter eines zarten Granulationsgewebes. An anderen Stellen ist es fetthaltig, und zeigt eingestreut grosse, protoplasmareiche, runde Markzellen, welche den vorhin beschriebenen Osteoblasten sehr ähneln, und mehrkernige Zellen von dem Aussehen der Leukocyten. Das vielgestaltige Bild des jungen Markes wird noch vervollständigt durch zahlreiche Riesenzellen, welche sich namentlich am Rande der Markräume finden, und allenthalben ist das Mark reich an zartwandigen, jungen Gefässen und Capillaren.

Die Knochenneubildung unter dem Periost zeigt ähnliche Bilder. Nur sind hier die Zellen der Verknöcherungszone mehr sternförmig, verästelt, grossen Bindegewebszellen ähnlich und die verkalkende Zwischensubstanz des osteoiden Gewebes geht hier ohne scharfe Grenze in die Intercellularsubstanz des periostalen Bindegewebes über. Die jungen Bälkchen ordnen sich hier ebenfalls zu einem spongiösen Knochenwerk, jedoch von etwas massigerem Bau als im Marke.

Versuch 33. Grosser, junger Jagdhund. Subperiostale Resection eines $1\frac{1}{2}$ cm langen Stückes der vorderen Humeruswand am 4. 1. 93. Sofortige Replantation, Periostnaht, Muskelnaht, Hautnaht. Schienenverband. Heilung p. pr. Tödtung nach 13 Tagen am 17. 1. Das Fragment ist knöchern fixirt, aber vom Periost nicht bedeckt. Die Ränder des Fragmentes stehen etwas über die Diaphysenfläche hervor. Quere Durchsägung. Markhöhle durch einen umfangreichen Knochencallus erfüllt, welcher sich der Innenfläche des Fragmentes anlegt und sich in den Spalt zwischen den Resectionsflächen fortsetzt. Periostale Knochenneubildung in der Umgebung der Diaphysenwunde, offenbar der stattgehabten Ablösung des Periostes entsprechend.

Histologisch erweist sich das Fragment als abgestorben. Nur vereinzelte Knochenzellen desselben (nahe der Innenfläche) zeigen Kernfärbung. Die Haversischen Canäle sind leer, oder von Fibrin ausgefüllt, nahe dem Rande erscheinen Granulationszellen in ihnen. Die Meisselflächen des Fragmentes sind durch Splitterung (Fig. 6) aufgefasert. Die dadurch entstandenen Spalten sind von einem zarten Granulationsgewebe eingenommen, in welches hie und da Riesenzellen eingestreut sind. Andere Spalten zeigen einen typischen Osteoblastenbesatz mit und ohne Anlagerung junger Knochensubstanz. In den vorgeschobenen (centralen) Theilen der Spalten kann man bisweilen ein Hineinwachsen grosser Osteoblasten in die todte Grundsubstanz des Fragmentes erkennen. Nach aussen gegen den Defect hin sind diese Spalten von jungen Knochenbälkchen überbrückt, welche eine ununterbrochene Fortsetzung von jungen, der Meisselfläche allenthalben angelagerten Knochenschichten darstellen. Diese zackigen Meisselflächen zeigen den früher geschilderten Knochenanlagerungsprocess in besonders schöner und typischer Weise. Die jungen Knochenschichten setzen sich in ununterbrochener scharfer Grenzlinie auf die Innenfläche des Fragmentes hin fort und stehen ihrerseits mit einem zierlichen Geflecht junger Knochenbälkchen, welches aus der Markhöhle hervorwächst, in Verbindung. Letzteres legt sich der Innenfläche der Diaphysencorticalis an und schlägt sich auf den nekrotischen Meisselrand der Diaphyse über, hier in ähnlicher Weise wie am Fragment junge Knochenschichten in alle Spalten und Buchten anlegend. Zapfenförmiges Vordringen junger Knochenschichten um die Gefässcanäle an der Innenfläche des Fragmentes. Zahlreiche nekrotische Knochensplitter in der Markhöhle, in Fibrinklumpen eingebettet und von Leukocyten umgeben. Andere Splitter sind von Granulationszellen umwachsen und zeigen am Rande Riesenzellen, und im Markcallus finden sich grössere Splitter von jungen Knochenschichten- und Bälkchen umfasst und in den Callus völlig eingemauert. Beginnende Knochenanlagerung um die Haversischen Canäle dieser Splitter. Der erwähnte subperiostale Callus hat einen grobspongiösen Bau und fliesst auf der einen Seite des Defectes mit dem Markcallus zusammen, auf der anderen erreicht er den Defectrand noch nicht. Auf der äusseren Oberfläche des Fragmentes hat sich das Periost nicht angelegt, mit Ausnahme einer Randstelle, auf welche in einigen Präparaten sogar der Callus bereits übergreift.

Die Histologie des Callus ist im Text geschildert.

Im weiteren Verlaufe wird nun auch die äussere Oberfläche des Fragmentes von jungen Knochenschichten bedeckt, indem sich vom Rande her der periostale Callus auf das Fragment vorschiebt. Das charakterisirt sich schon makroskopisch durch eine flache Auftreibung der Diaphyse an der Operationsstelle. Gleichzeitig macht der Knochenneubildungsprocess im Inneren des Fragmentes um die Gefässcanäle weitere Fortschritte, und sehr bald zerlegt er die todte Compacta in Streifen und Spangen, welche uns im mikroskopischen Bilde als längliche Inseln nekrotischer Knochensubstanz inmitten des neugebildeten Knochengewebes entgegentreten. Schliesslich, nach Monaten, verschwinden auch diese, und der ehemalige Defekt ist von lebendem Knochen vollkommen ersetzt. Der neue Knochen unterscheidet sich aber vom alten durch seinen Reichthum an grossen Gefässräumen und er bekommt dadurch schon makroskopisch ein poröses Aussehen, während die Markhöhle des betreffenden Knochenschaftes an der Operationsstelle mehr oder weniger stark eingeengt erscheint (cf. Fig. 6, Taf. VI, v. LANGENBECK'S Arch. Bd. 48). Was den Werth der Erhaltung des Periostes auf der Oberfläche des Fragmentes für das Schicksal des letzteren anlangt, so entscheidet sich diese Frage nach unseren Röhrenknochenversuchen genau in demselben Sinne, wie es für die Schädelversuche dargethan wurde.

Weit complicirter als nach wandständigen Resektionen gestalten sich die histologischen Bilder, die man durch Replantation circulär resecirter Diaphysenstücke erhält. Ich habe mich auf einen einzigen Versuch dieser Art beschränkt, dessen Befund im Uebrigen über die Art der Heilung keinen Zweifel lässt. Das Fragment starb ab und wurde durch neugebildeten Knochen, der im Wesentlichen vom Periost geliefert wurde, ersetzt. Ich stellte diesen Versuch an, um die Befunde OLLIER's und SCHMITT's auf ihren histologischen Werth zu prüfen, und ihre Angaben sachlich zu widerlegen. An sich hätte es eines solchen Gegenbeweises nicht bedurft, da die Auslegungen, welche OLLIER und SCHMITT von ihren Versuchsbefunden geben, einer vorurtheilsfreien Kritik ohnehin nicht Stand halten.

OLLIER (Traité p. 430) vertauschte bei einem Kaninchen die circulär mitsammt dem Periost resecirten, gleich grossen Fragmente beider Radien und erzielte nach 6 Monaten folgende Befunde. Am linken Radius war Eiterung eingetreten und das implantirte Stück fand sich als rareficirter Sequester inmitten einer Todtenlade, welche den Continuitätsdefect des Radius in unregelmässigen Spangen überbrückte und der Ulna auflag. Die Knochenneubildung griff auf das untere Ende des Radius und auf die Ulna weithin über, wie aus Beschreibung und Abbildung ersichtlich: nach OLLIER ein interessanter Beweis dafür, dass trotz Nekrose des überpflanzten Knochens das mitüberpflanzte Periost einheilte und neuen Knochen producirte! Am rechten Radius fand sich das transplantirte Fragment in einen spongiösen Callus eingebettet, der es gegen die Ulna sowohl als gegen die Resectionsflächen des Radius fixirte. Seine Corticalis war zwar etwas verschmälert, sie war aber ringsum von aufgelagerten Knochenschichten umgeben: folglich lebte das Fragment, Dank der Mitübertragung des Periostes zeigte es ja deutliche Erscheinungen des Wachsthums!

Und weiter: SCHMITT wiederholte diese Versuche, verzichtete aber auf eine Mitübertragung des Periostes. Einem Jagdhunde resecirte er ein über 1 cm langes Stück subperiostal aus der Continuität des Radius und pflanzte es nach 5 Min. umgekehrt wieder ein. Nach 52 Tagen zeigte sich die Continuität wiederhergestellt, die untere Hälfte des Radius bis an die Epiphyse heran enorm verdickt, eine Fistel führte von aussen in die unförmliche Knochenmasse und nach Aufsägung des Präparates zeigte sich eine centrale Höhle mit beweglichem Sequester. Die Grenzen des implantirten Stückes waren in der gleichmässig dicken Todtenlade nicht mehr deutlich zu erkennen. „Es muss also das aus der Continuität ausgesägte und wieder eingepflanzte Stück eingewachsen sein, es muss auch fortgelebt haben, denn es hat ganz offenbar an der allgemeinen Verdickung der unteren Radiushälfte, der es angehört, gleichmässig mit dieser Antheil genommen." Der Sequester aber entstand nach SCHMITT durch eine centrale Nekrose des Radius, in Folge einer Osteomyelitis, verursacht durch eine Infektion bei der Operation. Mir scheint die Abbildung des Präparates, welche SCHMITT (auf Taf. XII, Fig. 3, LANGENBECK's Arch., Bd. 45) giebt, ein schönes Bild von Totalnekrose mit periostaler Knochenneubildung zu sein, doch will ich ein Urtheil hierüber dem unbefangenen Leser selbst überlassen. In einem anderen Versuche transplantirte S. in ähnlicher Weise von Hund auf Hund, hier mit Uebertragung des Periostes. Das Stück heilte ein, und zwar konnte S. nach 71 Tagen mikroskopisch eine knöcherne Vereinigung mit der Ulna, in welche das Stück überpflanzt war, an der einen Seite nachweisen, während das andere Ende in Folge einer Dislokation gegen das Lig. interosseum hin durch einen bindegewebig-knorpeligen Callus mit derselben vereinigt war. „Das Auftreten der Verknöcherung sowohl auf der Seite der Ulna als auch auf der Seite des eingepflanzten Stückes scheint für das Fortleben des eingepflanzten Stückes zu sprechen, noch mehr aber die völlig knöcherne Vereinigung an der einen Seite, sowie der Umstand, dass das Periost der Ulna und des eingepflanzten Stückes gleichmässig verdickt ist und gleichmässige, jedoch nicht sehr starke periostale Knochenauflagerung vorhanden ist."

Die Beschreibung dieses Befundes passt fast auf's Haar auf das Präparat unseres eigenen Versuches, nur in der Deutung des Befundes gehen wir weit auseinander. Unser Versuch ist vielleicht noch insofern von Interesse, als das Thier während der Heilungszeit mit Krapp gefüttert wurde, und als der Befund ein Schlaglicht auf den Werth der Krappfütterung zu werfen im Stande ist. Ich gebe ihn desshalb in extenso.

Versuch 37. Einem jungen Spitzhund wurde am 7. 2. 93 aus der freigelegten linken Ulna subperiostal ein 1,5 cm. langes Stück circulär resecirt und umgekehrt (das untere Ende nach oben) wieder eingesetzt. Die Wunde heilte zunächst p.pr., brach aber später auf und hinterliess eine feine, wenig secernirende Fistel. Krappfütterung während der ganzen Beobachtungszeit. Tödtung nach 38 Tagen am 17. 3. Section: die linke Ulna wird im Zusammenhange mit dem Radius herausgenommen. Eine feine Fistel führt im oberen Drittel durch schwieliges Gewebe auf nekrotischen Knochen. Nach Freilegung dieser Stelle sieht man einen kleinen, etwas beweglichen, in der Schwiele haftenden Sequester, der nach Gestalt und Grösse einen Theil des resecirten Ulnastückes darstellt. Er ist rinnenförmig, der rareficirten halben Wand der Ulna entsprechend, und steht fast senkrecht zur Achse der Ulna. Er zeigt intensive Krappfärbung. Am aufgesägten Knochen erweist sich der kleine Sequester ohne Zusammenhang mit dem Knochen, in Bindegewebe eingebettet, 4 mm lang. Die Ulna ist an der Resectionsstelle noch nicht consolidirt, ihre stark verdickten Stümpfe sind durch einen 6 mm langen, sehr breiten knorpelig-bindegewebigen Callus mit einander verbunden. Der untere Stumpf zeigt im Bereich der kolbigen Auftreibung eine stumpfwinkelige Abknickung nach vorn (gegen die Schwiele und Fistel hin) und ist an der Knickungsstelle scharflinig gegen die Diaphyse begrenzt, die Markhöhle ist hier durch einen dunkelrosa gefärbten Streifen compacter Substanz abgegrenzt. Die Diaphysen beider Vorderarmknochen sind intensiv rosaroth gefärbt, mit der Loupe kann man erkennen, dass die Färbung in Längslamellen angeordnet ist.

Mikroskopisch lässt sich nun in grossen Schnitten, welche die Ulna fast in ganzer Länge treffen, leicht nachweisen, dass die zuletzt beschriebene abgeknickte Partie des unteren Ulnarstumpfes den grösseren Theil des replantirten Diaphysenstückes enthält. In den meisten Schnitten ist die Hinterwand dieses Stückes als ein breiter, zackiger Streifen compacter Knochensubstanz, die völlig nekrotisch (kernlos) ist, ohne Weiteres zu erkennen, in anderen sind nur Theile derselben getroffen. Von der Vorderwand des Fragmentes dagegen sind nur vereinzelte Inseln nekrotischer Knochensubstanz inmitten einer breiten Spange neugebildeten, spongiösen Knochengewebes erhalten. Der grössere Theil derselben scheint in dem obenbeschriebenen, der Vorderfläche der Ulna aufsitzenden losen Sequester enthalten zu sein. Die in dem unteren Ulnarstumpf erkennbaren Reste des replantirten Fragmentes sind nun fast ringsum von neugebildeten, spongiösen Knochenmassen eingeschlossen, und nur an vereinzelten Stellen fehlt die Knochenanlagerung, um einer Resorption durch Riesenzellen Platz zu machen. Die Anlagerung der jungen Knochenschichten- und Bälkchen bietet im Uebrigen genau dasselbe Bild wie in den früheren Versuchen. Auch im Inneren des todten Knochens um die stark erweiterten Haversischen Canälchen findet eine reichliche Knochenanlagerung statt. So wird auch hier das todte Knochengewebe langsam durch lebendes ersetzt. Der Vorgang ist hier nur insofern ein neuer, als wenigstens am Rande des todten Fragmentes die Knochenneubildung nicht aus einem osteoiden Gewebe, sondern aus einem verknöchernden Knorpelgewebe hervorgeht.

Der obere Ulnastumpf zeigt einen nekrotischen Meisselrand, der fast allenthalben von jungem Knochengewebe, resp. von angelagerten Knorpelmassen umfasst wird. Die Verbindung der beiden Stümpfe geschieht durch ein fibrilläres Bindegewebe, in welches sich Knorpelzellenreihen weit vorschieben. An beiden Stümpfen besteht eine erhebliche subperiostale Knochenneubildung.

Wir sind am Schluss dieses ersten Theiles unserer Untersuchungen angelangt, welcher darthut, dass einmal ausgelöste Knochentheile nur mit Verlust ihrer Vitalität wieder einheilen, um günstigen Falles durch neuen Knochen ersetzt zu werden. Wir sahen, dass der Tod eines solchen Fragmentes durch die vorübergehende Anämie bedingt wird, welche es erleidet, und unabhängig ist von der Beschaffenheit des Bodens, auf welchen es überpflanzt wird. Es fragt sich nun: sind die gegentheiligen Beobachtungen früherer Forscher durch unsere Befunde hinfällig? Oder giebt es hier Ausnahmen von der Regel, welche die Beobachtungen jener zu Recht bestehen lassen? Ich habe diese Frage in einer

Erwiderung[1]) an Herrn Prof. WOLFF eingehend erörtert und möchte hier aus derselben nur Folgendes hervorheben:

Es giebt keine Methode, welche für das unbewaffnete Auge ein untrügliches Urtheil über den Zustand eines eingeheilten Knochenfragmentes gestattet. Das makroskopische Aussehen eines solchen Fragmentes ¦weist weder am frischen noch am Macerationspräparat Unterschiede gegenüber der lebenden Knochensubstanz der Umgebung auf, auch wenn sich histologisch seine Knochenzellen als abgestorben erweisen. Es fehlen hier, da es sich um eine anämische, aseptische Nekrose des Knochens handelt, die charakteristischen Merkmale, welche wir an Knochentheilen, die unter dem Einfluss von Eitererregern der Nekrose anheimgefallen sind, wahrzunehmen gewohnt sind: Die Verfärbung der Knochengrundsubstanz, die Zernagung der äusseren Flächen. Die Vascularisirung des todten Fragmentes in seinen präformirten Canälen erhöht die Aehnlichkeit des Bildes mit lebendem Knochengewebe, ist aber selbstverständlich für die Beurtheilung der Vitalität nicht massgebend, da jeder poröse Fremdkörper, gelangt er zur Einheilung, vascularisirt wird. Deshalb ist auch der Nachweis von Injectionsmasse im Fragment nach stattgehabter Gefässinjection ohne jegliche Bedeutung. Und schliesslich hat sich auch die Krappfütterung, wie sie von WOLFF und JAKIMOWITSCH zur Klärung der Vitalitätsfrage in Anwendung gezogen ist, als völlig unzulänglich erwiesen. Bei genügender Fütterung der Versuchsthiere mit dem Farbstoff färbt sich nicht nur die neugebildete und alte Knochensubstanz des lebenden Skelettes, sondern auch notorisch todte Knochentheile können den Farbstoff aufnehmen. So fanden wir nicht nur in unserem letzten Versuche (37) einen gelösten Sequester und die todte Knochensubstanz inmitten des Callus von typischer Krappfärbung, sondern auch ein macerirtes Knochenstück, welches bei demselben Versuchsthier unter der Schädelhaut bindegewebig eingeheilt und in starker Resorption begriffen war, zeigte die Farbreaktion in tadelloser Vollendung (Fig. 8, cf. p. 113). Am allerwenigsten aber kann das OLLIER'sche Argument, der Nachweis einer Volumszunahme des implantirten Fragmentes, für die Entscheidung der Frage in Betracht kommen; die Heilungsvorgänge, wie wir sie dargethan haben, entziehen einer solchen Argumentation von vornherein jeden Boden.

So bleibt nur der Einwand derer, welche auf histologischen Befunden fussen. Die meisten von ihnen haben nun den Zustand des eingepflanzten Fragmentes in Bezug auf das Verhalten seiner Knochenzellen in keiner Weise berücksichtigt, z. Th. war das auch ganz unmöglich, weil sie eine Fixirung der Präparate vor der Entkalkung verabsäumten (wie z. B. JAKIMOWITSCH). Einen zielbewussten Versuch, die

---

[1]) ARTHUR BARTH, Zur Frage der Vitalität replantirter Knochenstücke. Berl. klin. Wochenschr. 1894, Nr. 14.

Vitalitätsfrage durch Kernfärbung zu entscheiden, finden wir nur bei LAURENT, und in der That kommt er auf Grund eines Replantationsversuches zu einem entgegengesetzten Urtheil wie wir. Er fand bei einem Hund das replantirte Fragment nach 21 Tagen in knöcherner Vereinigung mit dem Schädel und seine Knochenzellen tinktionsfähig und wohlerhalten. Die Abbildung, welche LAURENT in Fig. 9 von diesem Befunde giebt, ist nun nicht gerade beweisend, wenigstens nicht für den, der sich auf die Technik der FLEMMING'schen Methode und Safraninfärbung versteht und an eine differenzirte Kernfärbung auch nur mässige Ansprüche macht. In einer verwaschenen, schmutzig rothen Fläche sind die Knochenzellen als ebenso verwaschene, dunklere Gebilde dargestellt, und wir erfahren im Text nichts über das Verhalten der Kerne bei einer Untersuchung mit starker Vergrösserung. Dass in einem solchen Präparate dem Beobachter alles entgangen ist, was in anderen Präparaten typisch und charakteristisch erscheint und in die Augen springt, darf uns nicht Wunder nehmen und befestigt die Ueberzeugung, dass man nach einem einzelnen Versuche so complicirte Vorgänge nicht beurtheilen darf.

So dürfen wir einen einwandsfreien Gegenbeweis gegen unsere Darlegungen erst abwarten. Im übrigen muss nach unseren eigenen Befunden zugegeben werden, dass bei sehr jungen Thieren die Wiedereinheilung ausgelöster Fragmente mit einer theilweisen Erhaltung ihrer Vitalität erfolgen kann. Unsere Versuche an 4 jungen Thieren eines Kaninchenwurfes stellen diese Möglichkeit ausser Frage. In sämmtlichen Präparaten fanden sich hier, wenn auch beschränkte Zellterritorien von gesundem Aussehen. Dass unter günstigsten Bedingungen die Vitalität eines Fragmentes in vollem Umfange gerettet werde, muss dagegen als ausgeschlossen erscheinen, da auch bei dem schonendsten Verfahren in der Umgebung der Meissel- und Bruchflächen ausgedehnte Nekrosen eintreten.

Mit diesen Einschränkungen dürfte also der Satz, dass **einmal ausgelöste Knochenfragmente dem Tode verfallen**, nach unseren Untersuchungen zu Recht bestehen.

II. Theil.

Ueber den Ersatz von Knochendefecten durch Implantation von todtem Material.

Wir haben im Vorstehenden den histologischen Beweis dafür angetreten, dass lebende Knochenfragmente, in einen entsprechenden Defekt des thierischen Skelettes implantirt, bei dem knöchernen Verschluss desselben in keiner Weise aktiv betheiligt sind, dass sie vielmehr in Folge ihres Gewebstodes lediglich die Bedeutung von Fremdkörpern für den Defektverschluss haben können. Es lag nun nahe, dieses Ergebniss für weitere Versuche auszunützen, und die Vorgänge nach Implantation todter Substanzen von ähnlicher Beschaffenheit einer vergleichenden Untersuchung zu unterwerfen. Wir durften hoffen, aus derartigen Versuchen weiteren Aufschluss über das Wesen des merkwürdigen Processes, welcher in der vorigen Versuchsreihe einen Ersatz des Defektes durch lebendes Knochengewebe herbeiführte, zu gewinnen und unsere bisher gewonnenen Anschauungen nach mancher Richtung hin zu vertiefen. Von diesem Gesichspunkte aus bitte ich die Untersuchungen dieses 2. Theiles zu beurtheilen, auch dort, wo sie nur bereits Feststehendes bestätigen können. Sie entsprangen nicht ausschliesslich dem Wunsche, uns ein eigenes Urtheil auf diesem bereits gut bebauten Gebiet zu verschaffen, sondern sie wollten durch eine möglichst einheitliche Versuchsanordnung einen systematischen Vergleich zwischen verschiedenartigen Fremdkörpern in ihrer Bedeutung für den Defektverschluss histologisch durchführen.

Versuche mit macerirter Knochensubstanz.

Nichts konnte die Ergebnisse des ersten Theiles dieser Untersuchungen so sehr stützen als der Nachweis, dass todte, z. B. macerirte Knochenstücke unter den nämlichen histologischen Vorgängen in Knochendefekten einheilen wie lebende. Dass dies in der That der Fall ist, dafür lagen in der Literatur genügende Beobachtungen vor.

LANNELONGUE und VIGNAL[1]) implantirten in die Tibia eines ausgewachsenen Kaninchens einen 6,5 mm langen, 3 mm breiten Knochenstift, den sie sich aus dem Macerationspräparat eines menschlichen Humerussequesters hergestellt und vor der Einführung sterilisirt hatten. Nach 2 Monaten fanden sie den Stift fragmentirt, besonders in der Markhöhle, ohne dass die Fragmente dislocirt waren, und z. Th. durch neugebildeten Knochen ersetzt. Mikroskopisch präsentirten sich die Reste des Stiftes als Knochengewebe mit leeren Knochenzellhöhlen. Die Haversischen Canäle des todten Knochens zeigten sich stark erweitert, von jungem, gefässreichem Granulationsgewebe erfüllt, die Ränder der todten Knochensubstanz von angelagerten Markzellen und jungen Knochenschichten umschlossen, so zwar, dass die Verschmelzung der neuen und alten Knochensubstanz eine vollkommene war und nur durch eine scharfe Linie gekennzeichnet wurde. Besonders deutlich fanden sie diesen Process um die Haversischen Canäle inmitten der todten Knochensubstanz. Die Autoren stellen sich den Vorgang so vor, dass unter dem Reiz des implantirten Stiftes eine Proliferation der Markzellen eintritt, die jungen Zellen dringen mit Gefässen in alle Lücken und Höhlen des Knochens

---

[1]) LANNELONGUE et VIGNAL, Recherches expérimentales sur la greffe de l'os mort dans l'os vivant. Bull. de la Soc. de chir. 1882, p. 373.

vor, erweitern die Gefässräume desselben, ohne dass es zu einer sichtbaren Resorption kommt, und schliesslich wird an vielen Stellen durch eine Anlagerung jungen Knochengewebes an die Ränder und um die Haversischen Canäle des todten Knochens ein Ersatz des letzteren durch lebendes Knochengewebe geschaffen. Man sieht: dieselbe Auffassung, wie wir sie im ersten Theil dieser Arbeit entwickelt haben.

Uebrigens hat Bidder[1]) schon 4 Jahre früher einen ähnlichen Befund mitgetheilt, nachdem er die analogen Vorgänge für Elfenbeinimplantationen in einer früheren Arbeit histologisch auf das Sorgfältigste beschrieben hatte. Er fand einen Knochenstift, den er vom Kniegelenk aus in die Tibia eines jungen Kaninchens eingetrieben hatte, nach 37 Tagen knöchern fixirt. Im mikroskopischen Querschnitt zeigte sich der Knochenstab stark usurirt und lakunär eingeschmolzen, in die Lacunen aber hatten sich zahlreiche neugebildete Knochenbalken, welche zugleich die Rindensubstanz der Kaninchentibia verdickten, eingelagert.

Schliesslich hat vor wenigen Jahren Ochotin[2]) die histologischen Schicksale von Elfenbein- und Knochenstiften, die er in Bohrlöcher der Kaninchentibia einpflanzte, eingehend beschrieben. Auch er constatirt die allmähliche Resorption des todten Knochens und eine Anlagerung junger Knochenschichten, die in die Haversischen Canäle hineinwachsen und zu einem Ersatz des todten durch neugebildeten Knochen führen. Er ist der Meinung, dass sich das junge Knochengewebe per continuitatem vom lebenden Knochen aus entwickelt nach dem Vorbilde des appositionellen Knochenwachsthums. Das junge Knochengewebe dringt buchtenartig in die Ränder des todten Knochens ein, welche ihrerseits zahlreiche Riesenzellen aufweisen. Er scheint hiernach den Process — wie auch Bidder — als eine Resorption des todten Knochens mit nachfolgendem Ersatz durch neugebildeten aufzufassen.

Unsere eigenen Versuche wurden ausschliesslich am Schädel von Hunden angestellt. Wir gaben dem Schädelversuch den Vorzug wegen der Uebersichtlichkeit des mikroskopischen Bildes, die wir in den früheren Versuchen schätzen gelernt hatten. Es wurden nach Freilegung des Schädels durch Periostahlösung typische Trepanationen mit dem Handtrepan vorgenommen und die Defekte durch Knochenscheiben früherer Versuche, die zuvor in Kalilauge macerirt und in Sublimatlösung aufbewahrt waren, ersetzt; darüber wurde das Periost und die Haut vernäht. Durch den Macerationsprocess waren die Knochenscheiben meist etwas verkleinert und füllten den Defekt nicht immer gut aus. Es ist auf diesen Umstand eine Reihe von Misserfolgen zurückzuführen, inso-

---

[1]) Alfred Bidder, Experimentelle Beiträge und anatomische Untersuchungen zur Lehre von der Regeneration des Knochengewebes. 1878. v. Langenbeck's Arch., Bd. 22, p. 165.

[2]) S. Ochotin, Beiträge zur Lehre von der Transplantation todter Knochentheile. 1891. Virchow's Arch., Bd. 124, p. 97.

fern es in Folge von Dislokation des Fragmentes bisweilen zu einer bindegewebigen Einheilung ohne Knochenneubildung kam. Diese Versuche wollen wir zunächst ausser Acht lassen, ich werde aber später auf sie zurückkommen. Am sichersten gelingt die knöcherne Einheilung, wenn die Knochenscheiben den Defekt vollkommen ausfüllen, wie man es nur durch genau auf den Umfang der Trepankrone vom Drechsler hergestellte Knochenscheiben erreicht. 2 derartige Versuche (44 u. 47) lieferten uns vortreffliche Präparate, doch wurde hier das histologische Bild dadurch, dass die Fragmente lediglich aus compakter Knochensubstanz bestanden, nicht unwesentlich verschoben. Für den Vergleich mit den Befunden der Replantationsversuche bieten desshalb die Präparate der ersterwähnten Versuchsreihe zweifellose Vortheile. Und unter ihnen haben wir ganz prächtige Objekte zur Verfügung.

Besonders werthvoll sind dieselben für die makroskopische Demonstration. Wenn man die macerirten Knochenscheiben vor der Implantation mit einem haltbaren Farbstoff imprägnirt, so kann man nach vollendeter Einheilung den todten vom neugebildeten Knochen ohne weiteres unterscheiden, und schon bei Loupenbetrachtung kann man dann die Vertheilung der neugebildeten Knochenschichten um und im todten Fragment deutlich erkennen. Als haltbare Farbstoffe haben sich uns das Ammoniakcarmin ebenso wie das Carbolfuchsin bewährt, die Knochenscheiben wurden etwa 15 Minuten in den gebräuchlichen Lösungen dieser Farbstoffe im Wasserbade gekocht und in neutralisirenden Lösungen ausgewaschen. An die todte Knochengrundsubstanz gebunden hält sich die Farbe auch im thierischen Körper und geht erst mit der Resorption der Knochengrundsubstanz selbst verloren. Leider lässt sie sich aber nicht in den mikroskopischen Schnitten erhalten, da sie durch die Entkalkungsflüssigkeit gelöst und extrahirt wird. In Spiritus- und Macerationspräparaten ist sie von dauerndem Bestande.

Die 3 gelungensten dieser Präparate sind bei etwa 4facher Loupenvergrösserung in Fig. 9—11 abgebildet und veranschaulichen die ververschiedenen Stadien des knöchernen Ersatzes.

Fig. 9 entstammt Versuch 50 und zeigt, offenbar in Folge ungenügender Ausfüllung des Defektes, eine bindegewebige Einheilung der Carminscheibe. Dieselbe wurde 55 Tage zuvor einem jungen Spitzhund implantirt, der zum Studium anderweitiger Implantationsversuche während der Heilungszeit einer Krappfütterung unterworfen wurde. Gegen den Defektrand des rosagefärbten Schädeldaches ist der Carminknochen auf beiden Seiten der Sägeschnittfläche durch einen weisslichen Bindegewebsstreifen abgegrenzt, welcher sich nach aufwärts in dem zarten Periost, nach abwärts in einem massigen epiduralen Bindegewebslager verliert. Letzteres füllt die zahlreichen Buchten der stark zerklüfteten Innenfläche der Carminscheibe aus und durchbricht dieselbe central in einem breiten Spalt, welcher dem durch Resorption stark erweiterten Bohrloch der Trepanpyramide entspricht. Das Periost liegt der Oberfläche des Carminknochens gut an. Der Defektrand des Schädeldaches lässt in der linken Hälfte des Bildes eine deutliche Anlagerung junger Knochenmassen erkennen und in den epiduralen und centralen Bindegewebsmassen tauchen zierliche Verknöcherungsinseln auf.

Sehr überraschend ist nun der mikroskopische Befund des Präparates. Während sich an den Trepanationsrändern der Carminscheibe (deren Färbung im Präparat verloren gegangen ist) die gedachten Bindegewebszüge unter deutlichen Resorptionserscheinungen anlegen, ist an den übrigen Flächen des todten Knochens eine Anlagerung junger Knochenschichten im vollen Gange, am spärlichsten an der duralen Fläche, am reichlichsten an der subperiostalen. Aber auch im Inneren desselben um die meisten Haversischen Canälchen und Markräume, welche im Uebrigen von einem zellenreichen Bindegewebe durchwachsen sind, fehlt die Knochenneubildung nicht, meist in ein oder zwei Knochenzellreihen ihre Ränder umsäumend. An ihrer Oberfläche sind diese jungen Knochenschichten mit einer schönen, dichtgedrängten Osteoblastenreihe besetzt. Die Anlagerung der jungen Knochensubstanz an die todte der Carminscheibe geschieht aber genau in derselben Weise, wie es bei den Replantationsversuchen eingehend geschildert wurde, und es dürfte wohl auch das geübteste Auge nicht im Stande sein, diese Präparate von jenen zu unterscheiden. Daneben finden an der duralen Fläche des Fragmentes und an den Rändern des centralen Spaltes umfangreiche Resorptionen unter Lakunenbildung und unter Auftreten von Riesenzellen statt, an der äusseren Oberfläche und im Inneren fehlen solche fast vollständig. Das Periost unterscheidet sich über dem Fragment histologisch nicht von dem des angrenzenden Schädeldaches; wie dort markirt sich auch hier die osteogenetische Schicht sehr deutlich und legt sich dem Fragment resp. den jungen Knochenschichten an. In die Gefässcanäle senkt es sich unter Anbildung junger Knochenschichten allenthalben ein. Die Trepanationsränder des Schädels liegen hinter der Knochengrenze zurück, sie sind als nekrotische, scharfrandige Knochenstreifen, welche von angelagerten jungen Knochenschichten umfasst sind, unschwer zu recognosciren. Die erwähnten Knocheninseln im epiduralen und centralen Bindegewebslager sind peripher von einer typischen Verknöcherungszone umgeben und zeigen bei starker Vergrösserung in den meisten Präparaten einen centralen Kern aus nekrotischer Knochensubstanz von kleinstem Umfang, offenbar Reste nekrotischer Knochensplitter, um welche eine Knochenneubildung stattgefunden hat.

Der Befund dieses Versuches ist nach mehr als einer Richtung hin von hohem Interesse. Zunächst zeigt er uns den diffusen Process der Anlagerung junger Knochenschichten an die Substanz des todten Fragmentes, wie wir ihn in den Replantationsversuchen kennen gelernt haben, in typischer Weise, und wer sich von der Richtigkeit unserer früheren Darlegungen nicht hat überzeugen lassen, den muss dieser identische und jede Missdeutung ausschliessende Befund ohne Weiteres bekehren. Zudem spricht er sehr klar für unsere Auffassung, dass dieser Substitutionsprocess nicht eine Knochenneubildung darstellt, welche vom alten Knochen her per continuitatem centralwärts fortschreitet, um den todten Knochen nach voraufgegangener Resorption zu ersetzen — wie

Histologische Untersuchungen über Knochenimplantationen. 111

OCHOTIN es darstellt —, sondern trotzdem das Fragment mit dem Schädel nur durch Bindegewebe vereinigt ist, sehen wir hier die Knochenanlagerung in ganz diffuser Weise und offenbar gleichzeitig überall dort einsetzen, wo das ossificationsfähige Bindegewebe, welches das Fragment durchwachsen hat, mit todter Knochensubstanz in Berührung kommt. Und schliesslich lehrt der Befund von neuem, wie trügerisch eine makroskopische Beurtheilung der Vorgänge sein kann. Selbst die Krappreaktion lässt uns hier im Stich; die dunkle Carminfarbe der todten Knochensubstanz erdrückt für das unbewaffnete Auge die mikroskopisch dünnen, lebenden Knochenschichten, welche den todten Knochen fast an allen Flächen nachweislich überziehen.

Dagegen springt in dem folgenden Versuch (51), dem die Abbildung der Fig. 10 entnommen ist, die Knochenneubildung schon makroskopisch drastisch in die Augen, wiewohl das Thier die carmindurchfärbte Knochenscheibe nicht viel länger getragen hat als das vorige Versuchsthier.

Es handelt sich um einen halbwüchsigen Mopshund, dem am 21. I. 93 ein Trepanationsdefect im linken Scheitelbein in der beschriebenen Weise ersetzt wurde. Die Heilung erfolgte primär und nach 61 Tagen fand sich der Defect völlig knöchern verschlossen. Auf der Sägefläche erscheint der rothe Carminknochen stark rareficirt und von jungen Knochenschichten umfasst, am Trepanationsrande sowohl als namentlich an der duralen Fläche, wo junges Knochengewebe zapfenförmig in den todten Knochen hineinwächst. Im Loupenbild ist das sehr deutlich. Die äussere Oberfläche der rothen Scheibe lässt junge Knochenschichten nicht erkennen, sie erscheint vielmehr etwas zernagt, während das verdickte Periost ihr anliegt und sich deutlich in die Spalten des todten Knochens einsenkt. Eine ähnliche, äusserst zarte Bindegewebseinsenkung (b) findet sich in der rechten Hälfte des Präparates am Trepanationsrande zwischen Schädel und Fragment. Der mikroskopische Befund zeigt uns die Veränderungen des vorigen Versuches in weit vorgeschrittenem Stadium. Die knöcherne Vereinigung zwischen den Trepanationsrändern des Schädels und des Fragmentes kann im Wesentlichen als vollendet angesehen werden, denn auch der letzterwähnte bindegewebige Streifen trennt nicht den Schädel von todtem Knochen, sondern auch hier finden sich im mikrosk. Bilde bereits angelagerte Knochenschichten am Rande des todten Fragmentes. Die in schmaler Zone nekrotischen Trepanationsränder des Schädeldaches sind von spongiösen Knochenmassen umfasst, welche sich in die beschriebene epidurale Knochenneubildung ununterbrochen fortsetzen. Und wo immer der junge Knochen die todte Substanz des Fragmentes erreicht, geschieht seine Verschmelzung mit dieser in typischer, vielbuchtiger, scharfer Linie, genau wie in den Replantationsversuchen. Auch im Inneren des todten Knochenstückes besteht eine vorgeschrittene Anlagerung junger Schichten um die erweiterten Gefässräume, und nur an der äusseren Oberfläche ist sie sehr spärlich, auf kurze Strecken beschränkt. Im übrigen bestätigt hier das Mikroskop die schon makroskopisch vermutheten Resorptionsvorgänge: langgestreckte Reihen von Riesenzellen liegen dem lacunär zernagten Rande des todten Knochens hier an, nur auf kurze Strecken unterbrochen von der eben geschilderten Knochenneubildung. Die Markräume aber im Bereich des Fragmentes sind von einem zarten, gefässreichen Markgewebe erfüllt, welches alle Elemente des alten Markes der Schädeldiploe aufweist, unter ihnen zahlreiche Riesenzellen. (Ein Uebersichtsmikrophotogramm aus diesem Präparat befindet sich in LANGENBECK's Arch. Bd. 46, Taf. VII, Fig. 2.)

Geht aus solchen Befunden unzweideutig hervor, dass für den knöchernen Verschluss eines Knochendefektes der provisorische Ersatz durch macerirten Knochen der Implantation lebenden Knochenmaterials histologisch völlig gleichwerthig ist, so zeigt uns der folgende Versuch, dass auch in dem zeitlichen Ablauf des Substitutionsprocesses und seinem Endresultat wesentliche Unterschiede zwischen den Versuchen mit lebender und denen mit macerirter Knochensubstanz nicht bestehen. Fig. 11 giebt eine Abbildung dieses Befundes (Versuch 55), wie er sich am Macerationspräparat darstellt. Das Präparat gehört einem jungen Spitzhunde, dem ein Trepanationsdefekt des rechten Scheitelbeins 90 Tage zuvor (am 13. V. 93) durch eine macerirte und in Säurefuchsin durchgefärbte Knochenscheibe ersetzt war. Bei der Sektion zeigte sich der Defekt vollkommen knöchern verschlossen, äusserlich durch eine dellenförmige Einsenkung des Schädeldaches markirt, in welcher Dura und Periost dem Knochen anhafteten. An dem Macerationspräparat sind nun die Verhältnisse besonders übersichtlich und klar. Von der äusseren Schädelfläche aus betrachtet, stellt sich die Trepanationsstelle als eine tiefe Delle des Schädeldaches dar, in deren Grunde die rothgefärbten Reste der macerirten Knochenscheibe als 2 dreieckige, flache, durch weisse (neugebildete) Knochenmasse von einander geschiedene Inseln lagern. Dieselben zeigen an der Oberfläche ebenso wie die angrenzende weisse Knochensubstanz feinste Ausnagungen, so dass die ganze. mosaikartige Oberfläche der knöchernen Trepanationsnarbe etwas rauh erscheint. Die durale Fläche der Knochennarbe ist viel glatter und liegt vollkommen im Niveau des Schädeldaches. Sie sieht weiss aus wie der übrige Schädelknochen und nur an einer einzigen Stelle (nahe dem linken Trepanationsrande) erkennt man in ihr ein feines rothes Pünktchen, welches sich auf der Sägefläche zu einer streifenförmigen rothen Insel inmitten weisser Knochenmasse vergrössert. Von der Sägefläche aus betrachtet erscheint die Knochennarbe schmal etwa $1/_3$ so dick als das Schädeldach, und für die Loupenbetrachtung tritt auf der Sägefläche die scharflinige Verschmelzung zwischen rother und weisser Knochensubstanz deutlich hervor. Mikroskopisch trägt der neue Knochen einen grobspongiösen Charakter und geht ohne Grenze in die alte Substanz des Schädels über, dessen ehemalige Trepanationsränder nicht mehr deutlich zu erkennen sind. Die Reste der macerirten Knochensubstanz aber finden sich im mikroskopischen Bilde in derselben Vertheilung wieder, wie es eben beschrieben wurde, und werden von dem jungen Knochengewebe der Defektnarbe in derselben Weise umfasst und durchwachsen, wie im vorigen und den früheren Versuchen, und wie dort finden sich auch hier unter dem Periost Resorptionslacunen und Riesenzellen auf grössere Strecken, nicht nur im Bereich der todten, sondern auch an der Oberfläche der neugebildeten Knochensubstanz. Das Gesammtbild dieses Versuches erinnert in jeder Beziehung an den Schlussbefund der Replantationsversuche (Vers. 19), der übrigens demselben Versuchsthier entstammt. Und bringen wir die Differenz der Beobachtungsdauer — es fehlen dem letztbeschriebenen Versuche noch 16 Tage — auf Substitution und Resorption der todten Knochensubstanz in Anrechnung, so dürfen wir den Befund beider Versuche geradezu als absolut identisch bezeichnen.

Wir haben in dieser Versuchsreihe auf eine Untersuchung der ersten Heilungsstadien verzichtet; die ganze Fragestellung, welche ihr zu Grunde lag, konnte von vornherein nur die späteren Stadien in's Auge fassen. Unser frühester Versuch mit Implantation macerirter Knochensubstanz stammt vom 17. Tage (Vers. 44) und zeigt bereits eine vollkommen knöcherne Vereinigung der gut liegenden, aus harter Compacta gedrechselten Knochenscheibe mit dem Schädel. In einem zweiten analogen Versuch (47) ist die compakte Scheibe am 47. Tage bereits auf den Durchmesser der Tabula ext. reducirt, während junge spongiöse Knochenmassen, hie und da Inseln nekrotischer Knochensubstanz einschliessend, den Trepanationsdefekt im Bereich der tabula int. ausfüllen und lebhafte Resorptionen um die centralen Markräume des jungen Knochens eine neue Diploe wiederherstellen. Die Art und Weise, wie hier die todte Compacta durch neuen Knochen subst'tuirt wird, ist ähnlich wie bei der Wiedereinheilung grosser Corticalisfragmente der langen Röhrenknochen. Das junge Knochengewebe dringt in die spärlichen Gefässcanäle vor und fragmentirt alsbald die todte Compacta in Spangen und Inseln, welche durch immer neue Anlagerungen vom Rande her von lebendem Knochen ersetzt werden.

Ich habe schon wiederholt darauf hingewiesen, dass ein genügender Knochenneubildungsprocess in der Regel nur dann stattfindet, wenn der implantirte Knochen den Defekt gut ausfüllt. Ist das nicht der Fall, so wird der todte Knochen bindegewebig eingekapselt und verfällt der Resorption. Zwar findet ein gewisser Anlauf zum Knochenersatz des Defektes vom Trepanationsrande her in jedem Falle statt, selbst wenn man den Defekt sich selbst überlässt und auf eine Knochenimplantation verzichtet. Aber der Ossificationsprocess erschöpft sich hier sehr bald und kommt nicht über die Anbildung eines keilförmigen Knochenrandes hinaus, der centralwärts in eine bindegewebige Defectnarbe übergeht. Dass bei sehr jungen Thieren eine vollkommene Ossification der letzteren eintreten kann, wird von OLLIER behauptet und muss zugegeben werden. Der in Fig. 8 bildlich wiedergegebene und bereits Seite 105 erwähnte Gelegenheitsbefund des folgenden Versuches (46) spricht zu Gunsten dieser Annahme. Einem jungen Spitzhunde, dessen Bekanntschaft der Leser schon aus anderweitigen Befunden gemacht hat — ihm gehört das in Fig. 9 abgebildete und vorhin beschriebene Präparat — wurde am 2. II. 1893 das rechte Scheitelbein trepanirt und der Defekt wurde durch eine in Kalilauge macerirte, ungefärbte Knochenscheibe eines früheren Versuches ersetzt. Das Thier wurde von dem Operationstage an mit Krapp gefüttert (täglich 10 Gramm Krapppulver dem Futter beigemischt) und nach 43 Tagen getödtet. Bei der Sektion zeigte sich die eingepflanzte Scheibe aus dem Defekt auf das Schädeldach verschoben und von Bindegewebe durchwachsen, während der Trepanationsdefekt durch eine bindegewebige Narbe ausgefüllt ist, in welche sich vom Schädelrande her lange Knochenzungen vorschieben und hierdurch den Defekt nicht unerheblich verkleinern. Das Mikroskop belehrt uns nun darüber, dass dieser Knochenneubildungsprocess noch keineswegs abgeschlossen ist. Nicht nur, dass über der Dura in den centralen Partieen des Defektes lange Inseln jungen Knochengewebes auftauchen, auch die vom Rande her sich vorschiebenden Knochenzungen sind von einem Kranz osteoiden Gewebes umfasst, welches eine fortschreitende Verknöcherung aufweist. Und so dürfen wir annehmen, dass bei einer längeren Beobachtungsdauer der Defekt sich noch weiter verkleinert haben würde.

Der Versuch ist noch weiter von hohem Interesse und war dazu berufen, in der Frage der Vitalität replantirter Fragmente eine entscheidende Rolle zu spielen. Er lehrt unzweideutig, wie die Abbildung zeigt und wie oben bereits erwähnt wurde, dass auch todte (macerirte) Knochensubstanz, die in keinerlei knöcherne Verbindung mit dem Skelett getreten und in voller Resorption begriffen ist, die Krappfarbe aus den Gefässen des hineinwachsenden Bindegewebes aufnehmen und festhalten kann. Die Krappfärbung eines knöchern eingeheilten, replantirten Fragmentes beweist mithin für die Vitalität desselben gar nichts. Die Rosafärbung der macerirten Knochensubstanz ist in unserem Versuche etwas blasser als die des Schädelknochens und wie dort ringförmig um die Gefässräume gruppirt, wovon man sich an frischen Rasirmesserschnitten mikroskopisch überzeugen kann. An entsprechend vorbehandelten, entkalkten und mit Hämatoxilin gefärbten Schnitten zeigt sich die todte Knochensubstanz des Fragmentes von einem gefässreichen Bindegewebe durchwachsen, und am Rande und um die Gefässräume lacunär zernagt und zerklüftet. Zahlreiche Riesenzellen lagern in den Lacunen, von einem lichten, nicht scharf begrenzten Saum der todten Knochengrundsubstanz — offenbar der Entkalkungszone — umgeben. An anderen Stellen dringen Granulationszellen in die todte Knochensubstanz direkt vor, dieselbe auffasernd und zernagend, und auch hier verliert sich die dunkle Knochengrundsubstanz ganz regelmässig in einem lichteren Saum, welcher in die Intercellularsubstanz des Granulationsgewebes ohne Grenze übergeht. Nirgends aber finden wir eine Knochenanlagerung, wie in den früheren Versuchen, und ich kann hinzufügen, dass wir eine solche auch in anderen Versuchen, in denen das implantirte Fragment in ähnlicher Weise dislocirt war, regelmässig vermissten. Die Knochenzellhöhlen endlich des todten Knochens sind stark erweitert und vollkommen leer, das Bindegewebe, welches ihn umschliesst, äusserst zellenreich und von dem Charakter eines Granulationsgewebes, während das Bindegewebe der Trepanationsdefektnarbe deutlich fibrillär erscheint.

Es ist nun von besonderem Interesse, dass in ganz der nämlichen Weise wie macerirte Knochensubstanz auch

Elfenbein

in Knochendefecten einheilt und allmählich von Knochengewebe substituirt wird. Die ausgezeichneten Untersuchungen BIDDER's [1]) über die histologischen Schicksale von Elfenbeinstiften, die er in die Markhöhle der Kaninchentibia implantirt hatte; die Bestätigung dieser Befunde durch RIEDINGER [2]), LANNELONGUE und VIGNAL [3]), OCHOTIN [4]), SCHMITT [5]) und GLUCK [6]) stellen diesen Hergang so sehr ausser Frage, dass wir darauf verzichten durften, solche Versuche zu wiederholen. Man lese die klare Beschreibung BIDDER's, man werfe einen Blick auf seine Abbildungen, um sich zu überzeugen, dass der Autor denselben Process vor sich gehabt hat, wie wir selbst ihn im Vorstehenden zu schildern versucht haben.

„Die in der Markhöhle gebildeten Knochenbalken", berichtet BIDDER, „treten stellenweise dicht an den Elfenbeinstift heran und schmiegen sich ihm einfach an. Daneben dringen aber die Markzellen vorwärts und bohren so tiefe Löcher und Gänge in die Elfenbeinmasse, dass diese ein badeschwammähnliches Aussehen gewinnen kann. Trifft der Schnitt einen Gang parallel seiner Längsachse, so sieht man am Scheitel desselben die Markzellen dicht an das Elfenbein stossen; weiter zurück ist aber der Hohlgang bereits mit neugebildetem Knochengewebe ausgekleidet, welches sich in ähnlichen halbmondförmigen Schichten ablagert, wie der endochondrale Knochen in die eröffneten Knorpelhöhlen bei dem normalen neoplastischen Ossificationstypus. Ein senkrecht zur Achse eines solchen Markcanales gelegter Schnitt zeigt oft mitten im Elfenbein einen kleinen von jungem Knochengewebe zierlich umlagerten Markraum. An der Peripherie sind oft die dem Knochen anliegenden Osteoblasten schön zu sehen. Wo die Markzellen an das Elfenbein andringen, ist eine grubige

---

[1]) ALFRED BIDDER, Neue Experimente über die Bedingungen des krankhaften Längenwachsthums von Röhrenknochen. 1875. v. Langenbeck's Arch., Bd. 18, p. 603.

[2]) RIEDINGER, Ueber Pseudarthrosen am Vorderarm mit Bemerkungen über das Schicksal implantirter Elfenbein- und Knochenstifte. 1881. v. Langenbeck's Arch., Bd. 26, p. 985.

[3]) l. c.
[4]) l. c.
[5]) l. c.
[6]) TH. GLUCK, Fremdkörpertherapie und Gewebszüchtung. Arch. f. Kinderheilkunde 1893, Bd. 16, p. 236.

Einschmelzung desselben so gut zu erkennen, dass man sie durchaus mit den Howship'schen Lakunen identificiren kann. In die so gebildeten Gruben wird Knochensubstanz in den erwähnten Halbmonden eingelagert."

Diese Darstellung Bidder's wird durch Riedinger, welcher den Vorgang an Knochenschliffen untersuchte, ausdrücklich bestätigt, und Ochotin, der die Bidder'sche Arbeit nicht gekannt zu haben scheint, erzielte in einigen analogen Versuchen am Kaninchen dieselben histologischen Bilder. Wenigstens bestätigen die Abbildungen, welche der Autor giebt, vollauf die Befunde Bidder's. Er betont im Uebrigen die Identität des Vorganges nach Implantation von Knochen und Elfenbein und lässt nur einen zeitlichen Unterschied in dem Ablauf der Erscheinungen gelten, welcher durch die präformirten Canäle des Knochens und dadurch ermöglichte schnellere Verbreitung des Processes bedingt ist. Das heben auch Lannelongue und Vignal hervor, über deren Beobachtungen ich oben bereits berichtet habe. In der Beurtheilung des Processes selbst stehen uns letztere von allen Autoren am nächsten.

Es kann nun gar keinem Zweifel unterliegen, dass derselbe Process bei der Einheilung implantirter Zähne eine hervorragende Rolle spielt. Schon im Jahre 1863 gab Mitscherlich[1]) das mikroskopische Bild eines durch knöcherne Verwachsung mit dem Oberkiefer eines Hundes eingeheilten Leichenzahnes, welches die scharflinige Verschmelzung zwischen neugebildetem Knochen und Dentin, die fortschreitende Verdrängung des Dentins durch Knochen auf das Schönste darthut. „Der Zahn war usurirt und die Resorption desselben war in der Art vor sich gegangen, dass eine Menge kleiner Kugelsegmente auf dem Schnitte erschienen, ähnlich den Usuren, welche man bei in den Knochen eingeschlagenen Elfenbeinzapfen findet, die längere Zeit in demselben erhalten wurden. So hatte die Resorption grosse Dimensionen angenommen. Die Cementsubstanz war nur noch an einzelnen Stellen nachzuweisen; in ihrer grössten Ausdehnung war sie resorbirt worden. In den Höhlungen der Zahnsubstanz fand sich eingebettete Knochenmasse, die sich ohne irgend welche Zwischensubstanz in die Wandungen der Höhlungen ansetzte und hierdurch den Zahn so ausserordentlich festhielt." Und derselbe Befund ist später auch an replantirten Zähnen, die zur Wiedereinheilung kamen, wiederholt erhoben worden. Nach Scheff[2]) ist das freilich nicht der einzige Modus der Einheilung replantirter Zähne. Er ist der Ansicht, dass zwar jeder Zahn in Folge seiner Extraktion abstirbt und für die Alveole, in die er replantirt wird, einen Fremdkörper darstellt, dass er

---

[1]) A. Mitscherlich, Die Replantation und die Transplantation der Zähne. v. Langenbeck's Arch., Bd. 4, p. 414.
[2]) Julius Scheff jun., Die Replantation der Zähne. Wien 1890.

aber, ohne Resorptionen am Zahncement, durch eine Verwachsung des wuchernden Alveolarperiostes mit dem Cement befestigt werden könne, während die nekrotische Pulpa von einem jungen Gewebe ersetzt wird, welches von persistirenden Elementen der Pulpacanäle des Zahnes (?) oder vom Periost und Markgewebe der Alveole seinen Ausgang nimmt. In anderen Fällen jedoch kommt es nach ihm zu einer Resorption von Schmelz und Dentin durch das wuchernde periostale Bindegewebe und in günstigen Fällen gelangt dieselbe zum Stillstand, während eine Verknöcherung des gewucherten Bindegewebes die Fixation des Zahnes herbeiführt. Die neue Knochensubstanz legt sich den Resorptionsflächen direkt an. „Es ist dies das seltene und bisher wenig gekannte Verwachsen des Dentins mit wahrem Knochen." Die Abbildungen, welche SCHEFF hiervon giebt, sind äusserst charakteristisch und sprechen nicht gerade zu Gunsten der SCHEFF'schen Auffassung, die den Vorgang als eine nachträgliche Verknöcherung des periostalen Bindegewebes nach Abschluss der Resorption ansieht. Was bringt die Resorption zum Abschluss und woher weiss S., dass in seinen Präparaten die Resorption zum Abschluss gekommen ist? Mir scheinen die SCHEFF'schen Bilder, das buchtenförmige Hineinwachsen des Knochens in das Zahnbein, die Identität mit den Bildern, welche implantirte Elfenbein- und Knochenstücke liefern, vielmehr für eine fortschreitende Substitution des Dentins durch Knochengewebe zu sprechen, ganz nach Art des Vorganges, welchen wir bei der Implantation todten oder lebenden Knochengewebes kennen gelernt haben.

Dieselbe Verdrängung der harten Zahnsubstanzen durch Knochenbildung wird bekanntlich auch bei senilen Zähnen häufig beobachtet, und es führt dann der Vorgang zu einer ähnlichen knöchernen Verwachsung mit dem Kiefer, wie sie bei replantirten Zähnen stattfindet. Auch die Verwachsung von retinirten Zähnen mit dem Kiefer kommt hierdurch zu Stande, wie folgende Beschreibung RÖSE's[1] darthut, welche sich auf einen mit der Alveole verwachsenen retinirten menschlichen Eckzahn bezieht. „Man sieht, dass der Schmelz sich in einer scharfgezackten, festonartigen Linie gegen die eingewucherte Knochensubstanz abgrenzt. Die Verbindung beider Gewebe ist auch in macerirtem Zustande noch eine recht innige, derart, dass beide Gewebe ohne jede organische Zwischensubstanz direkt ineinander greifen. An einer Stelle geht die Resorption des Schmelzes bis nahe an die Grenze des Zahnbeins. Mitten im Knochengewebe liegen mehrere isolirte Schmelzpartikel, welche bei dem früheren Resorptionsprocesse nicht völlig aufgezehrt und nachher von dem neugebildeten Knochen umwachsen wurden." Sehr überzeugend und interessant sind schliesslich

---

[1] C. RÖSE. Ueber die Verwachsung von retinirten Zähnen mit dem Kieferknochen. Anatom. Anzeiger 1892, 31. Dec., p. 82.

die Darlegungen Röse's, dass die Hertwig'sche Epithelscheide normaler Weise ein Hinderniss für eine derartige Verwachsung zwischen Knochen und Schmelz darstellt. Ist dieselbe aber zerstört, sei es durch Altersatrophie oder durch Ernährungsstörungen, wie bei der Extraktion des Zahnes oder schliesslich durch periostitische Processe: „Dann haben wir denselben einfachen Vorgang, die höher differenzirten Gewebe, Zahnbein und Schmelz werden auf Kosten des weniger differenzirten aber gefässreicheren knöchernen Cementes verdrängt."

Es ist nicht unwahrscheinlich, dass derselbe Process in der menschlichen Pathologie eine noch weitere Verbreitung hat. Die Exfoliatio insensibilis dürfte sich unter einem ähnlichen Vorgange vollziehen, und wenn ich auch den anatomischen Beweis hierfür zu erbringen nicht im Stande bin, so sprechen doch die Befunde eines Osteomyelitispräparates vom Humerus eines jungen Hundes (Vers. 38) sehr zu Gunsten dieser Annahme. Hier wird der todte Knochen nicht nur vom Periost aus durch angelagerte Knochenschichten zurückgedrängt, sondern auch in der Markhöhle finden sich nekrotische Knochenspangen, von angelagerten jungen Knochenschichten umfasst, genau in derselben Weise, wie in den Replantationsversuchen die todte Knochensubstanz durch angelagerte junge Knochenschichten zurückgedrängt und ersetzt wird.

So dürfen wir Knochensubstanz und Elfenbein als das natürliche, als das physiologische Material zur Ausfüllung von Knochendefekten ansehen, dessen Verwerthung uns die Natur selbst gewissermaassen angedeutet hat. Nun hat man gemeint, durch eine vorherige Entkalkung der einzupflanzenden Knochenmassen der Natur in ihren reparativen Bestrebungen zu Hülfe kommen und den die Narbe aufbauenden Gewebszellen einen wesentlichen Theil ihrer Arbeit abnehmen zu können. Man hoffte hierdurch den knöchernen Verschluss des Defektes schneller und sicherer und bequemer zu erzielen als mit nicht entkalktem Knochen. Das war indess eine arge Täuschung. Dass ein knöcherner Verschluss von Knochenhöhlen durch

Implantation decalcinirter Knochensubstanz

erreicht werden kann, steht ausser Frage; dass er schneller und sicherer erreicht wird als mit nicht entkalktem Material, muss bestritten werden. Zwar weiss die klinische Casuistik von glänzenden Erfolgen zu berichten, welche mit diesem von Senn[1] auf Grund experimenteller Beobachtungen inaugurirten Verfahren erzielt wurden. Für uns, die wir nur den anatomischen Beweis gelten lassen, besagen alle diese Fälle nicht mehr als eine aseptische Einheilung des implantirten Fremdkörpers, und ich

---

[1] N. Senn, On the healing of aseptic bone cavities by implantation of antiseptic decalcified bone. Amer. Journ. of med. sc., Sept. 1889.

übergehe die grosse Literatur, die sich über diesen Gegenstand bereits aufgethürmt hat. In der fleissigen Arbeit von BUSCARLET [1]) ist sie zusammengestellt. Ich übergehe auch die phantastischen Vorstellungen, die man sich von dem Hergange solcher Heilerfolge gebildet hat. Hat man doch die Möglichkeit erwogen, dass es sich hier um „ein Wiederaufleben des todten Gewebes" [2]) handeln könne. Ich will mich vielmehr auf eine kurze Besprechung der histologischen Untersuchungen beschränken, welche über den Gegenstand vorliegen, und ihr meine eigenen Beobachtungen anreihen.

DARKSCHEWITSCH und WEIDENHAMMER [3]), deren Arbeit mir nur im Referat zugänglich war, ersetzten bei Kaninchen Schädeltrepanationsdefekte durch decalcinirten Knochen und beobachteten eine ähnliche Substitution durch lebenden Knochen, wie wir sie bei den Replantationsversuchen geschildert haben. Die Verknöcherung vollzieht sich nach ihnen gleichzeitig in der ganzen Ausdehnung des Ersatzstückes, so dass die Grösse des Substanzverlustes für die Zeitdauer dieses Vorganges eine besondere Bedeutung nicht zu haben schien. Das Wesen dieses Processes stellen sie sich so vor, dass in dem osteogenen Gewebe, welches von Seiten der Dura und des Periostes in die Gewebslücken des Ersatzstückes wuchert, sich alle Elemente echten Knochengewebes von Neuem entwickeln und jenes in gleichem Maasse beseitigen und ersetzen. Da indess eine scharfe Grenze zwischen dem neugebildeten und dem todten Knochengewebe nirgends nachgewiesen werden konnte, so möchten sie auch die Annahme nicht von der Hand weisen, dass das eingesetzte todte Gewebe unter dem Einfluss der cementirenden Thätigkeit der Osteoblasten direkt in normales Knochengewebe umgewandelt wird.

Auch MACKIE [4]) scheint sich den Process ähnlich vorgestellt zu haben, soweit das aus der kurzen Beschreibung seines Befundes zu ersehen ist. Er füllte bei einem Hund einen Defekt der Tibia mit decalcinirtem Knochen aus und fand nach 14 Tagen eine vorgeschrittene Knochenneubildung. Histologisch constatirte er zahreiche runde Zellen im Bereich des todten Knochens, welche, namentlich in den peripheren Abschnitten desselben, zwischen den Lamellen und rings um die Haver-

---

[1]) BUSCARLET, l. c.
[2]) HERMANN KÜMMELL, Ueber Knochenimplantation. Deutsche medic. Wochenschr. 1891, Nr. 11, p. 392.
[3]) L. O. DARKSCHEWITSCH u. W. W. WEIDENHAMMER, Ueber Ersatz von Trepanationslücken des Schädels durch entkalkten Knochen. Wratsch 1892, Nr. 28 u. 29. Ref. Centralbl. f. Chir. 1892, p. 835 und Neurolog. Centralbl. 1893, Nr. 4.
[4]) MACKIE, Clinical observations on the healing of aseptic bone cavities by Senn's method of implantation of antiseptic decalcified bone. Med. News 1890, August 30.

sischen Canäle gelagert waren, nach seiner Deutung eingewanderte Osteoblasten. An anderen Stellen fand er Resorptionsvorgänge am todten Knochen.

Wesentlich vollständiger sind die Untersuchungen BUSCARLET's, welcher analoge Versuche an Hunden und Kaninchen machte und die Thiere 15 bis 58 Tage am Leben erhielt. Er kommt zu dem Schluss, dass das decalcinirte Knochengewebe zunächst mit der Knochenwunde verklebt, dann sehr bald von Granulationsgewebe und Riesenzellen resorbirt wird, besonders von der Markhöhle aus, und schliesslich von einem knöchernen Markcallus verdrängt wird, der mit dem implantirten Knochen in Berührung tritt und in ihn eindringt. Resorption und Neubildung hält also nach ihm gleichen Schritt. „L'os décalcifié disparaît à mesure que se forme un nouveau tissu osseux, assez vite pour ne pas gêner cette formation, mais aussi assez lentement pour éviter que la cavité ne se comble simplement de tissu fibreux." Doch scheint er bei grossen Knochendefekten eine zu schnelle Resorption zu fürchten, und räth in diesem Falle, das Ersatzstück nicht vollständig zu decalciniren.

Aehnlich wie BUSCARLET scheint sich SCHMITT den Heilungsvorgang vorgestellt zu haben, wenigstens lässt uns das der Autor in der mikroskopischen Beschreibung seiner zahlreichen Versuchspräparate zwischen den Zeilen lesen. So beispielsweise in dem Befund eines Versuches, in welchem er ein Stück decalcinirten Knochens in die Markhöhle der Tibia eines Hundes implantirt hatte (Vers. 31 p. 428). Das eingepflanzte Stück zeigte sich wenig verkleinert und von einer Bindegewebshülle umgeben. „Von dieser Hülle aus erstrecken sich häufig Gefässe bis weit in das Gewebe des eingeschobenen Stückes hinein. Die Eintrittsstelle dieser Gefässe hat oft die Form eines Keiles, dessen am Rande gelegene Basis mit vordringendem Bindegewebe ausgefüllt ist. An manchen Stellen ist die Bindegewebslücke durchbrochen von den Enden einzelner Knochenbälkchen, die sich oft ausserordentlich innig dem eingepflanzten Stücke anschmiegen und den Eindruck machen könnten, als ob hier eine knöcherne Verschmelzung stattfinde. Immer aber ist bei genauerem Zusehen noch eine deutliche Grenze zwischen eingepflanztem und heranwachsendem Knochen aufzufinden, so dass ein inniges Berühren, aber kein Verwachsen stattfindet." Im Uebrigen betont S., dass decalcinirte Knochenstücke ausserordentlich schnell resorbirt werden können und dass häufig ein knöcherner Ersatz ausbleibt. Im Wesentlichen soll hierfür die Erhaltung des Periostes maassgebend sein.

Was schliesslich die Untersuchungen LAURENT's anlangen, so erlauben sie kein Urtheil über die Art des Knochenersatzes. Am 7. und 8. Tage fand er die Fragmente in Resorption begriffen und beginnende Knochenneubildung am Rande des alten Knochens resp. über der

Dura. Ein weiterer Versuch zeigte nach 1 Monat keinerlei Knochenneubildung und ist histologisch nicht untersucht worden.

Unsere eigenen Versuche bestätigen zunächst die Ansicht der letztgenannten Autoren, dass ein knöcherner Ersatz nach Implantation decalcinirter Knochenstücke häufig ausbleibt oder höchst unvollkommen erfolgt, wenigstens am Schädel, und unser Urtheil stützt sich fast ausschliesslich auf Schädelversuche. In den meisten Fällen wurde das decalcinirte Knochenstück, selbst wenn es den Defekt sehr vollkommen ausfüllte, schnell resorbirt und durch eine bindegewebige Narbe ersetzt, welche vielleicht etwas breiter und massiger ausfiel als in den Versuchen, in welchen der Defekt sich selbst überlassen war. An dem Trepanationsrande fanden sich regelmässig Knochenanlagerungen in der früher beschriebenen Weise, meist keilförmig in die Narbe auslaufend. In einem Falle (Vers. 59) zeigte sich ausser dieser Knochenneubildung am Rande eine Verknöcherungsinsel mitten in der Bindegewebsnarbe unter dem Periost, von einer Zone osteoiden Gewebes umgeben, also ein ähnlicher Befund, wie er in Vers. 46 beschrieben und in Fig. 8 abgebildet ist.

Wesentlich anders verhielt sich das Präparat des folgenden Versuches (60), welcher an demselben Versuchsthier, einem jungen Spitzhund, ausgeführt war. Hier fand sich 106 Tage nach der Operation noch ein grosser Theil der decalcinirten Scheibe erhalten. der übrige Theil des Defektes war aber von neugebildeten Knochenmassen ersetzt, so dass es bei einer längeren Versuchsdauer vermuthlich zu einem völlig knöchernen Verschluss der Schädellücke gekommen wäre. Die mangelhafte und äusserst langsame Resorption der implantirten Knochenmasse, welche ihrerseits einen ersichtlichen Grund nicht erkennen lässt, ist hier wohl als Ursache für eine lebhaftere Knochenneubildung anzusehen. Von Interesse ist nun, dass dieser Knochenneubildungsprocess in ganz anderer Weise vor sich geht, als wir ihn in den Re- und Transplantationsversuchen bisher kennen gelernt haben. Es wird hier nämlich nicht wie dort die todte Knochensubstanz von den „cementirenden Osteoblasten" für die Bildung des neuen Knochens direkt verwerthet: nirgends ein Vordringen von Osteoblasten in den Fremdkörper, nirgends eine Knochenanlagerung an die Substanz des alten, nicht einmal am Rande der implantirten Scheibe: sondern die letztere ist von einem streifigen, verhältnissmässig zellenarmen Bindegewebe durchwachsen, am Rande von den eindringenden Bindegewebszellen aufgefasert, und wo die Resorption vollendet ist, da folgt vom Schädelrande her die Verknöcherung des Bindegewebes auf dem Fusse. Es handelt sich hier also um eine typische Resorption und nachfolgenden Ersatz durch Knochenneubildung; also ähnlich, wie Buscarlet den Vorgang darstellt. Vergleichen wir diesen Befund, dem wir in unseren Implantationsversuchen mit lebender und macerirter Knochensubstanz nie begegnet sind, mit dem Vorgange, wie er für jene geschildert ist, so werden wir zu der Vermuthung gedrängt, dass der eigenartige Substitutionsprocess in jenen Versuchen wesentlich an das Vorhandensein der Kalksalze im implantirten Fragment gebunden ist, dass er eine Ausnutzung der Kalksalze für den schnellen Aufbau des neuen Knochens anstrebt und bezweckt. Und wenn DARKSCHEWITSCH und WEIDENHAMMER denselben Vorgang nach der Implantation decalcinirter Knochenstücke beobachteten, so liegt die Vermuthung nahe, dass ihre Fragmente nicht genügend decalcinirt waren, wie es ja vorkommen kann. Doch ein sicheres Urtheil ist hierüber nicht möglich.

Es muss nun nach den experimentellen Erfahrungen Anderer zugegeben werden, dass an den langen Röhrenknochen durch Implantation decalcinirten Knochens Knochenersatz häufiger erzielt wird als am Schädel. Es dürfte sich das daraus erklären, dass die Tendenz zur Callusentwickelung in der Markhöhle langer Röhrenknochen eine sehr viel energischere ist als am Schädel, wie wir in unseren Replantationsversuchen gesehen haben. Das zeitliche Missverhältniss zwischen Resorption und Knochenneubildung ist hier ein geringeres, und so ist es wohl denkbar, dass hier der provisorische Verschluss des Defektes durch ein schnell resorbirbares Material eher einmal hinreicht, um die Entwickelung eines den Defekt verschliessenden Markcallus herbeizuführen. Uebrigens ist hier die Grösse des Defektes sicherlich von hohem Belang, und nachweislich hat es sich in den von Erfolg gekrönten Versuchen Anderer häufig um sehr kleine Defekte (Bohrlöcher) der Röhrenknochen gehandelt. Wir selbst verfügen nur über einen einzigen derartigen Versuch (61) einer wandständigen, ausgiebigen Resektion am Humerus eines jungen Hundes mit Ersatz durch decalcinirten Rindsknochen. Leider ist der Versuch nicht zu verwerthen, da Eiterung eintrat. Nach 39 Tagen zeigte sich die Defekthöhle durch einen breiten Callus gegen die übrige Markhöhle hin abgeschlossen, das implantirte Stück war resorbirt, die Höhle selbst mit Granulationen ausgefüllt.

Fassen wir alles, was über Implantation decalcinirter Knochensubstanz in Knochendefekte anatomisch und histologisch feststeht, zusammen, so ist eine Steigerung der physiologischen Gewebsneubildung innerhalb der Defektwunde nicht zu verkennen. An sich hat dieselbe nichts Charakteristisches, sie erfolgt wie um jeden Fremdkörper, der in irgendwelche Körpergewebe eingeheilt wird. Die Proliferationsfähigkeit der Zellen, die ohne die Anwesenheit eines solchen Fremdkörpers mit der Vernarbung der Wunde zum Abschluss gekommen ist, dauert hier fort, bis der Fremdkörper in allen Lücken und Spalten von Gewebszellen umschlossen und — soweit er resorptionsfähig ist — von ihnen eliminirt ist. Der gesteigerten Gewebsneubildung entspricht hier eine gesteigerte Tendenz zur Ossifikation des neugebildeten Gewebes vom Knochenrande her. Auch dieser Vorgang hat nichts Besonderes. Ein Anlauf zu einer weiteren Differenzirung des seiner Abstammung nach ossifikationsfähigen

Gewebes der Defektnarbe findet, wie wir sahen, in jedem Falle statt, auch wenn wir den Defekt sich selbst überlassen. Aber der Process erschöpft sich für gewöhnlich sehr bald und es bleibt bei einem Anlauf. Was Wunder, dass bei einer räumlichen und zeitlichen Ausdehnung der Gewebsneubildung auch dieser Differenzirungsprocess eine Ausdehnung erfährt?

Die letzte Ursache des Ossificationsprocesses und die Ursache seiner Begrenzung bleibt uns verschlossen, wie die der Gewebsneubildung überhaupt. Wir müssen uns hier mit den nackten Thatsachen abfinden, und das erscheint besser, als phantastischen Theorien nachzuhängen. Man hat der Substanz des decalcinirten Knochens ganz besondere Eigenschaften zugeschrieben, welche eine Ossification der Narbe begünstigen. Bald hat man solche Eigenschaften in ihrer Struktur, bald in ihren chemischen Bestandtheilen gefunden. Von alledem kann nicht die Rede sein, wenigstens nicht für den, der seine Theorien mit den histologischen Thatsachen in Einklang zu bringen sucht. Für uns stellt decalcinirte Knochensubstanz, welche wir in Knochendefekte implantiren, nichts anderes dar als einen porösen Fremdkörper, der eine vermehrte Gewebsneubildung verursacht, und dass dem so ist, soll die folgende Versuchsreihe beweisen, in welcher wir durch

Implantation von Schwammstücken

ganz analoge Bilder erzielten. Diese Bilder sind aber um so instruktiver, als hier das Fremdkörpermaterial dauerhaft ist und der Resorption widersteht.

Die Implantation von Schwammstücken in Knochendefekte ist schon 1882 von HAMILTON[1]), der die Organisation von porösen Fremdkörpern in anderen Körpergeweben studirt hatte, theoretisch zu Heilzwecken in Vorschlag gebracht und von DUPLAY und CAZIN[2]), wie uns eine spätere Litteratureinsicht belehrte, bereits experimentell erprobt und histologisch untersucht worden. Letztere setzten im Tibiakopf von Kaninchen und Hunden möglichst grosse Höhlenwunden und füllten dieselben mit Schwammstücken aus. Unter 10 Versuchen, die mit carbolisirtem Schwamm ausgeführt wurden, missglückten 9 in Folge von Eiterung. Dagegen erzielten sie mit Schwamm, der bei 120° im Sterilisator $1/2$ Stunde behandelt war, in 14 Versuchen stets primäre Heilung. Allerdings wurde der Schwamm durch dieses Verfahren sehr weich, fast

---

[1]) D. J. HAMILTON, On sponge-grafting. Edinb. med. Journ. Vol. XXVII, p. 385.
[2]) SIMON DUPLAY et MAURICE CAZIN, De la réparation immédiate des pertes de substance interosseuses, à l'aide de divers corps aseptiques. Arch. génér. de méd. 1892, p. 519.

gelatinös und verfiel regelmässig der Resorption bis auf die Kieselnadeln, welche bekanntlich reichlich in den Schwammbälkchen enthalten sind. Sie fanden nun bei den kleineren Knochendefekten der Kaninchen die Höhle schon am 40. bis 50. Tage völlig knöchern verschlossen, während bei Hunden der Schwamm um diese Zeit erst peripher von Knochengewebe umschlossen war. Mikroskopisch zeigte sich der Schwamm schnell von jungem Bindegewebe durchwachsen, seine Fasern wurden auseinandergedrängt und verfielen der Resorption. Die feineren Vorgänge der Knochenneubildung berühren die Autoren nicht, sie beschränken sich überhaupt in ihrer histologischen Darstellung auf ganz kurze Notizen.

Wir selbst stellten unsere Versuche am Schädel und an der Humerusdiaphyse von Hunden an, meist so, dass wir das Periost schonten und über dem implantirten Schwammstück wieder vernähten. Wir benutzten in Carbol aufbewahrte Wundschwämme und erzielten stets primäre Heilung, bis auf einen Humerusversuch, der zu Eiterung führte, aber trotzdem ein sehr brauchbares Präparat lieferte. Die Thiere wurden zwischen dem 17. und 46. Tage getödtet. Wir verzichteten absichtlich auf eine Untersuchung der früheren Stadien, ihre Vorgänge sind aus der Lehre von der Gewebsneubildung um Fremdkörper bekannt und dürften für Knochenwunden nichts Neues ergeben. Denn in der That geschieht hier die Einheilung der Schwammstücke in ganz ähnlicher Weise wie in anderen Gewebshöhlen. Sie werden von einem jungen Granulationsgewebe, welches hier offenbar von Periost und Mark seinen Ausgang nimmt, durchwachsen, und es wird hierdurch binnen kurzem ein organischer Verschluss des Defektes mit Erhaltung des äusseren Niveaus geschaffen (cf. Fig. 11, Taf. VI, v. Langenbeck's Arch. Bd. 48). Das springt besonders am Schädel bei einem Vergleich solcher Präparate mit den schmalen, eingezogenen Trepanationsnarben von Versuchen, in denen der Defekt unersetzt gelassen wurde, sehr in die Augen und verdient hervorgehoben zu werden. Durch die Einpflanzung des Schwammgerüstes zwingen wir die Gewebsneubildung im Defekt zu beliebiger Form und Umfang, und das allein dürfte, selbst wenn eine weitere Differenzirung des neugebildeten Gewebes ausbleibt, ein Vortheil von gewisser Bedeutung sein. Das neugebildete Granulationsgewebe nimmt nun sehr bald den Charakter eines derben, deutlich fibrillären Bindegewebes an, welches mit Periost und Mark in ununterbrochenem Zusammenhange steht und sich den Schwammbälkchen meist innig anlegt. Dazwischen kommen Anhäufungen von Rundzellen vor, die sich an manchen Stellen zu grösseren Gruppen verdichten. Auffallend erscheint, wenigstens in den Schädelpräparaten, dass Riesenzellen um die Schwammbälkchen ausserordentlich spärlich vorkommen, zu einer Zeit, wo sie doch sonst um eingeheilte Schwammstücke massenhaft entwickelt zu sein pflegen. Etwas reichlicher sind sie in den beiden

Extremitätenversuchen. In ihrer Struktur und Anordnung bieten sie im Uebrigen nichts Besonderes. Grösse und Kerngehalt sind ausserordentlich wechselnd, ebenso wie ihre Form, welche häufig durch den Rand der Schwammbälkchen bestimmt wird, indem sie ihren Protoplasmaleib demselben innig anschmiegen.

Von besonderem Interesse sind nun die Randpartieen des ausgefüllten Defektes. Ganz regelmässig finden wir hier in der 3. Woche eine Anlagerung junger Knochenschichten an die nekrotische Substanz des Trepanationsrandes in derselben charakteristischen, scharfen Linie, die wir aus unseren früheren Befunden kennen. Aber nur in zwei Schädelversuchen, und zwar gerade in denen von längster Versuchsdauer (Vers. 65 u. 66) beschränkt sich diese Knochenanlagerung auf einen schmalen Saum, der bis an das Balkenwerk des implantirten Schwammes heranreicht, alle übrigen und besonders die Humerusversuche zeigen eine centralwärts fortschreitende Verknöcherung des Schwammes resp. des ihn einschliessenden Bindegewebes. Fig. 12 giebt ein Bild des merkwürdigen Vorganges. Das Präparat entstammt dem Schädelversuch eines jungen Hundes (Vers. 62), der 17 Tage nach der Operation — die Wunde war p. pr. geheilt — an der Staupe zu Grunde ging. Die nekrotischen Spangen der spongiösen Diploe sind hier von jungen Knochenschichten umfasst, welche sich gegen die Narbe hin in ein Geflecht junger Knochenbälkchen fortsetzen. Wo letztere das Schwammgerüst erreichen, da umwachsen sie die Fasern desselben, so dass diese mitten in einem jungen Markraum liegend erscheinen, oder sie legen ihre Substanz dem Rande der Schwammfaser an, nicht selten sie vollständig mit junger Knochensubstanz umgiessend und in sich einschliessend. Untersucht man die vorgeschobensten Knochenbälkchen bei stärkerer Vergrösserung, so kann man sich leicht davon überzeugen, dass der Process in einer fortschreitenden Verknöcherung des Bindegewebes, welches die Schwammfasern umschlossen hat, besteht. Die Verknöcherungszone ist hier durch eine saumförmige dichte Anhäufung sternförmiger grosser Zellen, zwischen denen sich die junge Grundsubstanz der fertigen Bälkchen ohne scharfe Grenze verliert, typisch gekennzeichnet. Die fertigen Bälkchen selbst sind von einer zierlichen Osteoblastenreihe besetzt und umschliessen ein junges Markgewebe, welches einem zellenreichen, zarten Granulationsgewebe gleicht und reich ist an zartwandigen Gefässen. Die Contouren aber der Schwammfasern sind auch dort, wo sie von Knochensubstanz umschlossen sind, scharf; von einer Resorption der Schwammsubstanz ist in diesen Bildern keine Spur zu erkennen.

Fig. 13 zeigt diese Verhältnisse bei stärkerer Vergrösserung. Das Präparat stammt aus einem anderen Versuche (67), und zwar aus dem Humerus eines jungen Hundes 37 Tage p. o. Es waren in diesem Versuche in Folge eingetretener Eiterung nur die peripheren Partien des in der Markhöhle liegenden Schwammes organisirt. Die centralen Theile zeigten sich mikroskopisch von Fibrin, Eiter und Detritus durchsetzt. Trotzdem ist es hier vom Marke aus zu einer so lebhaften Verknöcherung der Randpartien des Schwammes gekommen, wie in keinem anderen unserer Versuche. Der Vorgang der Knochenneubildung um die Schwammfasern ist hier im Principe derselbe, wie im vorhin geschilderten Schädelversuche. An manchen Stellen scheinen sich hier Osteoblasten den Schwammfasern direkt anzulegen, ähnlich wie an die todte Knochengrundsubstanz implantirter Fragmente. Im Wesentlichen charakterisirt sich aber auch hier der Process in einer fortschreitenden Verknöcherung des Bindegewebes um die Schwammfasern.

Etwas anders ist das Bild eines Schädelversuches (64) von 22 tägiger Versuchsdauer. Es war hier bei der Trepanation die Stirnhöhle unbeabsichtigt eröffnet und das Schwammstück bis in diese hineingeschoben. Das Präparat zeigt den Schwamm pilzförmig in die Stirnhöhle hineinragend und völlig organisirt. Vom Trepanationsrande her schiebt sich weit in den Schwamm hinein ein weiches, osteoides Gewebe vor, aus grossen runden und polygonalen Zellen mit rundem Kern und dunklem Protoplasma sich aufbauend, zwischen denen sich ein zartes Geflecht osteoider Bälkchen differenzirt. Letzteres bildet sich regellos, ohne Rücksicht auf die dichtgedrängten Schwammfasern, dieselben umgiessend und einmauernd. Von einer Resorption der Schwammfasern ist auch hier nichts zu sehen.

Aehnliche Bilder lieferten die übrigen in der Tabelle verzeichneten Versuche, ohne neue Einzelheiten für die Beurtheilung des merkwürdigen Processes zu bieten. Ob es gelingt, ein Schwammstück im ganzen Bereich des ausgefüllten Defektes zur Verknöcherung zu bringen, muss ich nach meinen Versuchen dahingestellt sein lassen. Jedenfalls verläuft der Process ziemlich langsam und scheint auch nicht regelmässig zu erfolgen. Soviel erhellt jedenfalls aus unseren histologischen Bildern, dass derselbe nicht ohne weiteres in Parallele zu stellen ist mit dem Vorgange des Knochenersatzes nach Implantation lebender oder todter Knochenstücke. Er erinnert vielmehr an die Befunde nach Implantation decalcinirter Knochensubstanz, indem er wie dort einen vom Rande her in der Continuität fortschreitenden Knochenneubildungsprocess darstellt, während um nicht entkalkte Knochenfragmente der Ossificationsprocess fast gleichzeitig in ganzer Flucht, d. h. an allen erreichbaren äusseren und inneren Flächen des todten Knochengewebes einsetzt und fortschreitet. Das Material des implantirten Fremdkörpers ist also für die Art und den zeitlichen Ablauf des Knochenneubildungsprocesses von wesentlicher Bedeutung. Für uns bleibt der Versuch von Interesse, weil er darthut, dass in Knochendefekten eine bis zur Ossification fortschreitende Gewebsneubildung durch Implantation sehr verschiedenartiger Fremdkörper erreicht werden kann, unter denen Knochensubstanz lebende und todte — vermuthlich wegen ihres Reichthums an Kalksalzen[1]) — nur eine bevorzugte Stellung einnimmt.

Herrn Prof. MARCHAND, unter dessen Leitung und wesentlicher Beihülfe diese Untersuchungen zu Ende geführt wurden, sage ich auch an dieser Stelle aufrichtigen Dank.

[1]) Nachtrag bei der Correctur: Diese Vermuthung ist durch das Ergebniss einer weiteren Reihe von Versuchen, welche ich nach Abschluss der Arbeit auf Vorschlag des Herrn Prof. MARCHAND anstellte, vollauf bestätigt worden.

Um den Werth der Kalksalze für den merkwürdigen Knochenersatzvorgang zu prüfen, implantirten wir in Schädel- und Röhrenknochendefecte ausgeglühte Knochenstücke, welche im Wesentlichen aus Kalksalzen, zu einem geringen Theil aus unverbrannter Kohle bestanden, wovon man sich durch eine Behandlung solcher Stücke mit Salzsäure ohne Weiteres überzeugen konnte. Die Herstellung geschah in der Weise, dass macerirte Knochentheile auf einem Drahtnetz über dem Bunsenbrenner $1/2$—1 Stunde ausgeglüht wurden. Sie sehen dann weiss aus, behalten bei vorsichtiger Behandlung ihre Form, sind aber sehr bröckelig. In die Knochenwunde implantirt, nehmen sie alsbald nach ihrer Durchtränkung mit Blut eine schwarze Farbe an. Der knöcherne Verschluss derartig behandelter Knochendefekte kommt nun bei aseptischem Verlauf sehr vollkommen und sicher zu Stande, und wie die mikroskopischen Bilder zweier Schädelversuche bisher zeigten, genau in derselben Weise wie nach der Einpflanzung lebenden oder macerirten Knochens. Es kommt zu einer allseitigen Anlagerung junger Knochenschichten an den Rändern der verkohlten Knochenpartikel, Osteoblasten dringen in die kalkhaltige Substanz derselben zapfenförmig ein, und scheinen ihr (eigenes) Protoplasma durch eine Assimilation der Kalksalze direkt in junge Knochengrundsubstanz umzuwandeln. Die Grenze zwischen junger Knochensubstanz und Knochenkohle ist auch hier allenthalben eine scharfe, und indem letztere in den Hämatoxylinpräparaten eine blaugraue Farbe annimmt und auch nach Ueberfärbung mit Eosin behält, treten die Farbencontraste zwischen ihr und der rosarothen jungen Knochengrundsubstanz hier ganz besonders schön und demonstrativ hervor.

Nach diesen Befunden dürfen wir an der Richtigkeit unserer obigen Schlussfolgerung nicht wohl zweifeln. Geradezu zwingend für unsere Auffassung, dass der knöcherne Verschluss von Knochendefekten wesentlich von der künstlichen Zufuhr von Kalksalzen abhängt, ist die Thatsache, dass es auch durch Implantation ausgeglühter Knochenstücke in Weichtheile gelingt, Knochenneubildung zu erzielen. Derselben Katze, auf deren Trepanationsbefund ich mich soeben bezog, hatten wir ein Stück Knochenkohle in die Bauchhöhle eingeheilt. Nach 6 Wochen fanden wir die Kohle von Bindegewebe durchwachsen und an vereinzelten Stellen von jungen Knochenschichten bedeckt, welche sich genau wie in dem Schädelversuch des Thieres den Kohletheilen in scharfer Linie anlagern und in seine Spalten und Canäle eindringen. Die Oberfläche des jungen Knochens ist von Osteoblasten besetzt, welche theils in regelmässiger Linie angeordnet sind, theils unregelmässige Anhäufungen bilden nach Art eines osteoiden Gewebes, welches ohne scharfe Grenze in das angrenzende Bindegewebe übergeht. Letzteres ist auffallend arm an Riesenzellen.

Ich behalte mir vor, über diese und die Befunde weiterer Präparate, welche bei Abschluss der Correctur leider noch nicht schnittfertig sind, des Genaueren zu berichten und auch die practische Bedeutung dieser Versuche für die Chirurgie zu beleuchten. (Marburg, den 21. I. 95.)

Tabellarische Uebersicht sämmtlicher Versuche.*)

I. Ersatz von Knochendefecten durch Implantation lebender Knochensubstanz.

A. Versuche am Schädel.

1. Replantationsversuche.

No.	Thier	Operat. Tag	Versuchsdauer (Tage)	Replantirt nach wieviel Minuten?	Bemerk. über Operat. und Wundverlauf	Behandlung des Präparates	Sectionsbefund	Mikroskopischer Befund.
1.	Junges Kaninch.	7/7. 93	3	sofort	asept.	Fl. L.	Fr. bewegl., in Fibrin eingeschlossen.	Knz. im Fr. z. grössten Theil abgestorben od. im Zerfall, einige erhalten. Mitosen im duralen u. periostalen Bindegewebe.
2.	Junger Spitzh.	24/11. 92	4	sofort	Eiter.	M.F.	Fr. stark rareficirt, beweglich.	Fr. total nekrotisch und in Resorption begriffen.
3.	Junges Kaninch.	7/7. 93	5	sofort	asept.	Fl.L.	Fr. bewegl., in Fibrin eingeschlossen.	Einige Knz. im Fr. erhalten, die meisten untergegangen. Fr. von Fibrin umschlossen, in welches Granulationszellen v. Mark und Periost her eindringen. Beginnende Kn.-A. am Schädel. Mitosen im Bindegewebe der Dura und des Periostes.
4.	Alter Pinscher	3/12. 92	5	2	asept.	M. F.	Ders. Bef.	Ders. Bef.
5.	Alter Dachsh.	13/12. 92	7	sofort	asept.	M.F.	Fr. ohne Periost, haftet der Dura fest an, auf Druck verschieblich.	Knz. des Fr. bis auf wenige über der dura untergegangen. Mark nekrotisch. Entwickelung von Granulationsgewebe bis in das Fr. hinein. Beginnende Kn.-A. an der duralen Fläche des Fr. u. in den M.-R. des Schädels.

*) Abkürzungen: Fl. L. = Flemming'sche Lösung. M. F. = Müller'sche Flüssigkeit. Fr. = Fragment. Knz. = Knochenzellen. Kn.-A. = Knochenanlagerung. M.-R. = Markraum. Tr.-R. = Trepanationsrand.

Histologische Untersuchungen über Knochenimplantationen. 129

No.	Thier	Operat. Tag	Versuchsdauer. Tage	Replantirt nach wieviel Minuten?	Bemerk. über Operat und Wundverlauf	Behandlung des Präparates	Sectionsbefund	Mikroskopischer Befund
6.	Junges Kaninch.	7/7. 93	8	sofort		asept.	Fl. L. Fr. federt auf Druck.	Knz. des Fr. untergegangen. Fr. von Granulationsgewebe eingeschlossen, welches in die Gefässräume desselben einbricht. Resorptionen am Rande. Kn.-A. am Schädel, in osteoides Gewebe nach dem Fr. hin übergehend. Mitosen im Bindegewebe.
7.	Altes Meerschweinchen	24/3. 93	8	sofort	Meisseloperation. —	asept.	Fl. L. Fr. völlig eingeheilt, von Periost und Dura bedeckt.	Splitterung am Schädel mit Nekrose der Bruchflächen. Im Fr. nur vereinzelte Knz. erhalten. Fr. von Granulationsgewebe durchwachsen. Kn.-A. am Schädel, spongiöser Callus zwischen Schädel und Fr. Mitosen im Bindegewebe.
8.	Junges Kaninch.	28/6. 93	12	sofort		asept.	Fl. L. Fr. federt auf Druck, von Dura und Periost überzogen.	Knz. im Fr. mit Ausnahme vereinzelter tinktionsunfähig. Kn.-A. am Schädel u. am Tr.-R. des Fr., auch an den äusseren Oberflächen desselben. M.-R. von Fibrin u. Detritus erfüllt, dazwischen eindringende Granulationszellen.
9.	Junges Kaninch.	7/7. 93	13	sofort		asept.	Fl. L. Fr. sitzt fest, von Dura und zur Hälfte v. Periost bedeckt.	Knz. des Fr. mit wenigen Ausnahmen abgestorben. Spongiöser Callus zwischen Schädel u. Fr., Kn.-A. an den Flächen und um die eröffneten M.-R. des Fr., Resorptionslacunen am unbedeckten Theil der äusseren Oberfläche.
10.	9 monatl. Jagdh.	4/1. 93	13	sofort		asept.	M. F. Knöcherne Einheilung d. Fr.	Nekrose des Fr., spongiöser Callus zwisch. Schädel u. Fr., Kn.-A. an der duralen Fläche u. um die M.-R., Resorption an der äusseren Oberfl. u. um einzelne M.-R. Siehe Text.

No.	Thier	Operat. Tag	Versuchs-dauer (Tage)	Implantirt nach wieviel Minuten?	Bemerk. über Operat. und Wundverlauf.	Behandlung des Präparates	Sections-befund	Mikroskopischer Befund
11.	Junges Kaninch.	28/6. 93	14	sofort		asept.	Fl. L. Knöcherne Einheilung.	Vereinzelte Knz. des Fr. erhalten. Spongiöser Callus zwischen Schädel und Fr., sich in die M.-R. fortsetzend. Kn.-A. an der duralen Fläche, Resorption an der äusseren Oberfl. Junges Bindegewebe in den Gefässräumen des Fr.
12.	Junges Kaninch.	28/6. 93	17	sofort		asept.	Fl. L. Fr. auf das Schädeldach dislocirt, verschieblich.	Fr. in Bindegewebe eingeschlossen, am Rande zahlreiche Lacunen u. Riesenzellen. Einige Knz. erhalten. Schädeldefect von Bindegewebe ausgefüllt, an den Tr.-R. Knochenanlagerung.
13.	Alter Dachsh.	3/12. 92	17	sofort	Periost auf dem Fr. erhalten. —	asept.	M. F. Geringe Dislocation des Fr., dasselbe ist auf Druck beweglich, v. Dura und Periost bedeckt.	Bindegewebige Einkapselung u. Durchwachsung des Fr., dessen Knz. abgestorben sind. Oberfläche von jungem Bindegewebe überzogen, welches dem Knochen nicht anliegt. Resorptionen an der Oberfl. u. um M.-R, Kn.-A. an der duralen Fläche.
14.	10 Woch. alter Spitzh.	10/11. 92	18	5		asept.	M. F. Fr. sitzt fest und ist von Dura u. Periost überzogen.	Nekrose des Fr. mit reichlicher Kn.-A. an den äusseren Flächen und um sämmtl. Gefässräume. Bindegewebig-knöcherner Callus zwischen Schädel u. Fr. Siehe Text.
15.	Junges Kaninch.	28/6. 92	22	sofort		asept.	Fl. L. Knöcherne Einheilung.	Derselbe Befund. Einige Knz. des Fr. erhalten.
16.	Alter Pinscher	10/11. 92	28	2		asept.	M. F. Knöcherne Einheilung bei mässiger Dislocation des Fr.	Fr. kernlos. Spongiöser Callus zwischen Schädel u. schiefstehendem Fr., Kn.-A. an der duralen Fläche u. um die M.-R., Resorptionen an der äusseren Oberfläche, Periost liegt nicht an.

Histologische Untersuchungen über Knochenimplantation.

No.	Thier	Operat. Tag	Versuchsdauer (Tage)	Replantirt nach wieviel Minuten?	Bemerk. über Operat. und Wundverlauf	Behandlung des Präparates	Sectionsbefund		Mikroskopischer Befund
17.	Alter Dachsh.	8/11. 92	42	2	asept.	M. F.	Knöcherne Einheilung. Fr. mässig rareficirt.		Völlige Nekrose des Fr., knöcherner Callus zwischen Schädel u. Fr. Ausgedehnte Ku.-A. um sämmtliche Gefässräume u. an den Oberflächen, Resorptionen unter dem Periost. Siehe Text.
18.	Alter Schäferhund	3/1. 93	73	sofort	asept.	M. F.	Ders. Bef.		Derselbe Befund. Fr. stark rareficirt durch Resorptionen an der äusseren Oberfläche u. um die Markräume.
19.	Junger Spitzh.	27/4. 93	106	1/2	asept.	M. F.	Knöcherne Einheilung. Dellenförmige Vertiefung des Schädeldaches. Grenzen des Defectes auf der Sägefläche des Macerationspräparates nicht zu erkennen.		Völliger Ersatz durch neugebildeten Knochen. Von dem Fr. erkennt man nur Reste als kleinste Inseln nekrotischer Knochensubstanz inmitten des jungen, spongiösen Knochengewebes, welches den Defect ausfüllt und in die Knochensubstanz des Schädels ohne Grenze übergeht. Siehe Text.

2. Transplantationsversuche.

a. Zwischen Hund und Hund.

| 20. | Alter Pinscher | 24/11. 92 | 14 | 5 | Fr. von altem Dachsh. — asept. | M. F. | Geringe Dislocation des Fr., knöcherne Einheilung. | | Fr. total kernlos. Spongiöser Callus zwischen Schädel u. Fr., Kn.-A. um die Gefässräume u. an der duralen Fläche des Fr., Resorption an der äusseren Oberfläche. |
| 21. | Alter Dachsh. | 24/11. 92 | 26 | 15 | Fr. von No. 20. — asept. | M. F. | Knöcherne Einheilung. | | Nekrose des Fr. u. Rareficatiou um die Markräume, bindegewebig-knöcherner Callus zwischen Schädel u. Fr., Kn.-A. um M.-R. und an durale Fläche, Resorption an der äusseren Oberfl. des Fr. Siehe Text. |

No.	Thier	Operat. Tag	Versuchsdauer (Tage)	Replantirt nach wieviel Minuten?	Bemerk. über Operat. und Wundverlauf	Behandlung des Präparates	Sectionsbefund		Mikroskopischer Befund

b. Zwischen Hund und Kaninchen.

No.	Thier	Operat. Tag	Dauer	Min.	Bemerk.	Behandlung	Sectionsbefund		Mikroskopischer Befund
22.	Junger Spitzh.	5/10. 93	21	10	Fr. von No. 23. — asept.	M. F.	Fr. federt auf Druck, von Dura u. Periost bedeckt.		Nekrose des Fr., reichliche Kn.-A. an der duralen Fläche, geringe an den Tr.-R. von Schädel und Fr., welche durch Bindegewebe vereinigt sind. Periost liegt an und senkt sich in die Gefässräume ein. S. Text.
23.	Altes grosses Kaninch.	5/10. 93	39	5	Fr. von No. 22. — asept.	Sublimat	Dislocation des Fr., knöcherne Fixation.		Nekrose des Fr., knöcherner Callus zwischen Schädel u. Fr., Kn.-A. um Gefässräume, Resorption an der äusseren Oberfläche des Fr. Siehe Text.

3. Meisselresectionen mit Erhaltung einer Periostbrücke.

a. Replantation des Periostknochenlappens (WOLFF-WAGNER).

No.	Thier	Operat. Tag	Dauer		Bemerk.	Behandlung	Sectionsbefund		Mikroskopischer Befund
24.	Altes Meerschweinchen	24/3. 93	3		Op. siehe Text. — asept.	Fl. L.	Knochenlapp. leicht dislocirt, beweglich.		Fibrinöse Verklebung des Knochenlappens mit dem Schädel. Breite Randnekrose des Knochenfr., Knz. unter dem Periost intact. Proliferation des periostalen Bindegewebes mit Mitosen.
25.	Altes Meerschweinchen	24/3. 93	6		asept.	Fl. L.	Fr. liegt gut im Defect, ist verklebt, federt auf Druck.		Randnekrose des Fr. u. der Resectionsflächen des Schädels. Fibrinöse Verklebung. Reichliche Bindegewebswucherung mit Mitosen in Periost u. Dura.
26.	Grosser Pinscher	27/4. 93	16		asept.	M. F.	Der Knochenlappen ist knöchern eingeheilt.		Breite Randnekrose um die Resectionsflächen mit typischer Kn.-A. am Rande und um die Gefässräume. Centrale Partien des Fr. intact. Knöcherner Callus zwischen Schädel und Fr. Siehe Text.

Histologische Untersuchungen über Knochenimplantationen. 133

No.	Thier	Operat. Tag	Versuchsdauer (Tage)	Remelk. labor Operat. und Wundverlauf	Behandlung des Präparates	Sectionsbefund	Mikroskopischer Befund
27.	Junger Spitzh.	21/2. 93	24	Periostale Brücke war durchtrennt.	— asept.	Callöse Verdickung der Resectionsstelle.	Fr. völlig nekrotisch, knöchern eingeheilt. Kn.-A. um die Gefässräume. Subperiostale Knochenneubildung in der Umgebung u. über. dem Fr.
28.	Junger Schäferhund	20/4. 93	25		asept.	M. F.	Bindegewebige Verwachsung des Fr. mit der Schädelwunde.	Breite Randnekrose am Fr. Knochenwunde durch Bindegewebe ausgefüllt. Kn.-A. am Rande und um die Gefässräume der nekrotischen Zone.
29.	Junger Mops	21/2. 93	30		asept.	M. F.	Knöcherne Einheilung des Knochenlappens.	Randnekrose des Fr. Knöcherner, spongiöser Callus zwischen Schädel u. Fr., Kn.-A. um die Gefässräume der nekrotischen Zone.

b. Verschiebung des Periostknochenlappens (KÖNIG-WOLFF).

| 30. | Junger Jagdhund | 20/7. 93 | 22 | Op. siehe Text — asept. | M. F. | Enorme Knochenneubildung um den dünnen, unter die Schädelhaut dislocirten Periostknochenlappen. | Die transplantirte Knochenschicht total nekrotisch. Lebhafte subperiostale Knochenneubildung. Siehe Text. |
| 31. | Dasselbe Thier | 7/7. 93 | 35 | | asept. | M. F. | Ders. Bef. | Derselbe Befund. |

B. Versuche an langen Röhrenknochen der Extremitäten (Replantationen).

1. Subperiostale Resectionen.

a. Wandständige Resectionen.

No.	Thier	Operat. Tag	Versuchsdauer(Tage)	Bemerk. über Operat. und Wundverlauf	Behandlung des Präparates	Sectionsbefund	Mikroskopischer Befund
32.	Alter Dachshund	13/12. 92	7	Ulna, Markhöhle nicht eröffnet.	asept.	M.F. Feste Verklebung des replantirten Fr.	Völlige Nekrose des Fr., Randnekrose der Resectionswunde. Fr. durch Fibrin und periostales Granulationsgewebe eingeschlossen.
33.	Junger Jagdh.	4/1. 93	13	Humerus —	asept.	M.F. Knöcherne Einheilung des Fr., Periost liegt nicht an.	Nekrose des Fr., welches durch einen umfangreichen Markcallus fixirt wird. Kn.-A. an die Tr.-R. des Humerus und des Fr., an der Innenfläche des Fr. u. um einige Gefässkanäle. Subperiostale Knochenneubildung.
34.	Alter Dachsh.	3/12. 92	17	Humerus —	asept.	M.F. Knöcherne Einheilung. Fr. ohne Periost.	Das nekrotische Fr. ist durch einen spongiösen Markcallus umfasst. Kn.-A. um die Gefässräume. Resorption an der äusseren Oberfläche. Periost gewuchert.
35.	Alter Spitzh.	21/2. 93	31	Radius. — Eiterung		M.F. Fractur des Radius und Pseudarthrose. Fr. stark rareficirt, in Bindegewebe eingekapselt.	Völlige Nekrose des Fr. und der Bruchflächen. Resorptionslacunen am Fr., bindegewebig - knorpeliger Callus zwischen den Bruchflächen, Knochenneubildung in der Markhöhle.
36.	Alter Schäferhund	3/1. 93	73	Humerus —	asept.	M.F. Knöcherne Einheilung. Periost haftet fest.	Von dem replantirten Stück sind nur Reste als längliche Inseln nekrotischer Knochensubstanz inmitten eines grobspongiösen, den Defect ausfüllenden Knochengewebes zu erkennen.

No.	Thier	Operat. Tag	Versuchs- dauer/Tage	Bemerk. über Operat und Wund- verlauf	Behandlung des Präparates	Sections- befund	Mikroskopischer Befund

b. Circuläre Resection.

| 37. | Junger Spitzh. | 7/2. 93 | 38 | Ulna. — — — | M. F. asept. Krapp. | Fistel, in welcher ein kleiner Sequester liegt. Pseudarthrose. | Fr. nekrotisch, zur Hälfte eingeheilt u. knöchern fixirt, zur Hälfte sequestrirt. Bindegewebig-knorpelig-knöcherner Callus. Subperiostale Knochenneubildung. Siehe Text. |

2. Resectionen mit Erhaltung einer Periostbrücke.

38.	Junger Mops	13/3. 93	10	Humerus — Eiterung	M. F.	Fr. lose, von Eiter umspült. Osteomyelitis.	Nekrose des Humerusschaftes mit subperiostaler Knochenneubildung. In der Markhöhle Kn.-A. um nekrotische Spangen der Markspongiosa.
39.	Pinscher	27/4. 93	16	Humerus — Geringe Eiterung	M. F.	Periost abgelöst. Fr. knöchern eingeheilt. Knochenneubildung unter dem abgelösten Periost.	Fr. nekrotisch. durch einen spongiösen Markcallus fixirt. Kn.-A. um die Gefässräume. Resorption an der äusseren Oberfläche.
40.	Junger Spitzh.	21/2. 93	24	Humerus — asept. — Fractur	Alkohol	Pseudarthrose. Fragment knöchern eingeheilt.	Knorpeliger Callus mit Verknöcherungszone an beiden Frakturenden. Fr. von einem Markcallus fixirt, zum grössten Theil erhalten bis auf Streifen nekrotischer Knochensubstanz inmitten des Callus.
41.	Junger Schäferhund	20/4. 93	25	Humerus — asept.	M. F.	Fr. dislocirt, knöchern fixirt.	Breite Randnekrose des Fr., welches durch einen periostalen, spongiösen Callus mit der Corticalis des Humerus verwachsen ist. Markcallus im Defect.

No.	Thier	Operat. Tag	Versuchs- dauer (Tage)	Bemerk. über Operat. und Wund- verlauf	Behandlung des Präparates	Sections- befund	Mikroskopischer Befund
42.	Junger Mops	20/2. 93	30	Humerus — asept.	M. F.	Spindelförm. Verdickung des Humerus an der Resec- tionsstelle.	Aehnlicher Befund wie in No. 36. Die äussere Oberfläche des Fr. ist zur Hälfte von einem peri- ostalen Callus bedeckt, zur Hälfte ohne Periost, la- cunär zernagt und mit Riesenzellen besetzt.
43.	1 jährig. Spitzh.	25/2. 93	94	Humerus — Eiterung	M. F.	Fractur, con- solidirt. Fr. nekrotisch, sequestrirt.	Verschiebung der Frac- turenden, mikroskopische Orientirung unmöglich.

II. Ersatz von Knochendefecten durch Implantation todten Materials.

A. Macerirte Knochensubstanz.
(Schädelversuche.)

44.	Junger Spitzh.	6/10. 93	17	Aus com- pacter Substanz gedrech- selte Kno- chen- scheibe. — asept.	M. F.	Knöcherne Einheilung, Periost ver- schieblich.	Spongiöser Callus zwi- schen Schädel u. Fr., Kn.- A. an der duralen Fläche des F., Resorption an der subperiostalen Fläche des- selben.
45.	Junger Jagdh.	7/7. 93	35	Mit Fuchsin durch- färbte Scheibe. — asept.	M. F.	Dislocation des Fr., binde- gewebige Ein- kapselung.	Bindegewebskapsel um die schiefstehende, mace- rirte Scheibe, deren Hohl- räume nicht von Binde- gewebe durchwachsen, son- dern mit Fibrin und De- tritus erfüllt sind. Kn.-A. am Tr.-R. des Schädels.

Histologische Untersuchungen über Knochenimplantationen. 137

No.	Thier	Operat. Tag	Versuchsdauer (Tage)	Bemerk. über Operat. und Wundverlauf	Behandlung des Präparates	Sectionsbefund	Mikroskopischer Befund
46.	Junger Spitzh.	2/2. 93	43	Krappfütterung.	Alkohol	Völlige Dislocation des Fr. auf das Schädeldach. Dasselbe zeigt Krappfarbe, ist bindegewebig eingeschlossen u. stark rareficirt.	Schädeldefect durch Kn.-A. am Tr.-R. stark verkleinert, bindegewebig vernarbt. Fr. von Bindegewebe durchwachsen, ausgedehnte Resorptionen am Rande und um die Gefässräume desselben. Siehe Text.
47.	Junger Spitzh.	21/10. 93	47	Aus compacter Substanz gedrechselte Knochenscheibe. — asept.	M. F.	Knöcherner Verschluss des Defectes.	Fr. zum grössten Theil von neugebildetem Knochen ersetzt, welcher von der Dura her in das Fr. eindringt. Spongiöser Callus zwischen Schädel und Fr., Periost liegt an u. senkt sich in das Fr. ein.
48.	Junger Mops	2/2. 93	49	Fr. mit Carmin durchfärbt. — asept.	M. F.	Dislocation des Fr. und bindegewebige Einkapselung.	Aehnlicher Befund wie in No. 46.
49.	Alter Spitzh.	2/2. 93	50	dto.	M. F.	Ders. Bef.	Bindegewebige Durchwachsung, mässige Resorption des Fr. Bindegewebsnarbe im Schädeldefect.
50.	Junger Spitzh.	21/1. 93	55	dto. Krapp	M. F.	Bindewebigknöcherne Einheilung.	Reichliche Kn.-A. an den Flächen u. um die Gefässräume. K.-A. am Tr.-R. des Schädels, Knocheninseln im epiduralen Bindegewebe. Siehe Text.
51.	Junger Mops	21/1. 93	61	Fr. mit Carmin durchfärbt. — asept.	M. F.	Knöcherne Einheilung.	Fr. zum grössten Theil von neugebildetem Knochen ersetzt. Siehe Text.

No.	Thier	Operat. Tag	Versuchs- dauer (Tage)	Bemerk. über Operat. und Wund- verlauf	Behandlung des Präparates	Sections- befund	Mikroskopischer Befund
52.	Alter Spitzh.	17/1. 93	66	Fr. mit Carmin durch- färbt. — asept.	M. F.	Dislocation, bindegeweb. Einkapselung u. Rarefica- tion des Fr.	Befund wie in No. 49.
53.	Junger Spitzh.	3/6. 93	69	Fr. mit Fuchsin durchf. — asept.	M. F.	Aehnlicher Befund.	Aehnlicher Befund.
54.	Dasselbe Thier	3/6. 93	69	dto.	M. F.	Aehnlicher Befund.	Aehnlicher Befund.
55.	Dasselbe Thier	13/5. 93	90	dto.	M. F.	Knöcherner Verschluss des Defectes, dellenförmige Vertiefung des Schädel- daches, Reste der Fuchsin- scheibe deutlich.	Das Fr. ist grössten- theils durch neugebildeten Knochen ersetzt. Siehe Text.

B. Decalcinirte Knochensubstanz.

1. **Schädelversuche.**

56.	Alter Spitzh.	6/5. 93	24	asept.	M. F.	Fr. resorbirt, breite Binde- gewebsnarbe.	Kn.-A. am Tr.-R., De- fect von fibrillärem Binde- gewebe ausgefüllt.
57.	Dasselbe Thier	6/5. 93	24	asept.	M. F.	Ders. Bef.	Derselbe Befund.
58.	Junger Spitzh.	21/10. 93	47	asept.	M. F.	Ders. Bef.	Derselbe Befund.
59.	Junger Spitzh.	13/5. 93	90	asept.	M. F.	Fr. resorbirt, schmale Bin- degewebs- narbe.	Kn.-A. am Tr.-R. und Knocheninsel im Centrum der bindegewebigen Defect- narbe.

Histologische Untersuchungen über Knochenimplantationen.

No.	Thier	Operat. Tag	Versuchsdauer (Tage)	Bemerk. über Operat. und Wundverlauf	Behandlung des Präparates	Sectionsbefund	Mikroskopischer Befund
60.	Dasselbe Thier	27/4. 93	106		asept.	M. F. Defect verkleinert, Narbe federt auf Druck.	Reichliche Knochenneubildung am Rande, bis an die in Resorption begriffene todte Knochensubstanz heranreichend.

2. Röhrenknochenversuch.

No.	Thier	Operat. Tag	Versuchsdauer (Tage)	Bemerk. über Operat. und Wundverlauf	Behandlung des Präparates	Sectionsbefund	Mikroskopischer Befund
61.	Grosser Spitzh.	22/2. 94	37		Vereitert.	Humerus M. F. Defect verkleinert, Markhöhle durch einen Callus abgeschlossen.	Fr. resorbirt. Umfangreicher spongiöser Markcallus, welcher die Markhöhle abschliesst und sich auf die nekrotischen Resectionsflächen d. Humerus hinüberschlägt.

C. Schwammsubstanz.

1. Schädelversuche.

No.	Thier	Operat. Tag	Versuchsdauer (Tage)	Bemerk. über Operat. und Wundverlauf	Behandlung des Präparates	Sectionsbefund	Mikroskopischer Befund
62.	Junger Spitzh.	6/10. 93	17		asept. + an der Staupe	M. F. Defect völlig ausgefüllt, Periost fehlt über dem Defect.	Schwamm bindegewebig durchwachsen. Beginnende Verknöcherung am Trepanationsrande. Siehe Text.
63.	Junger Spitzh.	5/10. 93	21		asept.	M. F. Schwammstück ragt pilzförmig in die Schädelhöhle. Periost mit der Oberfläche verwachsen.	Bindegewebige Organisation des Schwammes. Knochenneubildung am Rande, die Schwammfasern in Knochen einschliessend.
64.	Junger Jagdh.	20/7. 93	22		asept.	M. F. Schwamm ragt pilzförmig in die eröffnete Stirnhöhle u. ist von Bindegewebe durchwachsen. Periost verwachsen.	Bindegewebige Organisation des Schwammstückes. Vom Tr.-R. dringt osteoides Gewebe vor, die Schwammfasern umschliessend und einmauernd. Siehe Text.

No.	Thier	Operat. Tag	Versuchsdauer (Tage)	Bemerk. über Operat. und Wundverlauf	Behandlung des Präparates	Sectionsbefund		Mikroskopischer Befund
65.	Junger Spitzh.	22/2. 94	37	asept.	Sublimat	Völliger Verschluss des Defectes durch den bindegewebig eingeheilten Schwamm.		Bindegewebige Organisation des Schwammstückes. Kn.-A. am Rande, aber nicht auf den Schwamm übergreifend.
66.	Grosser Spitzh.	13/2. 94	46	asept.	M. F.	Ders. Bef.		Derselbe Befund.

2. Röhrenknochenversuche.

67.	Junger Spitzh.	22/2. 94	37	Fistel, Eiterung	M. F.	Schwamm liegt bloss, von Eiter bedeckt, sitzt aber in der Markhöhle fest.		Periphere Partien des Schwammes durch einen zierlichen Markcallus fixirt, welcher in osteoides Gewebe übergeht. Siehe Text und Abbildung.
68.	Grosser Spitzh.	13/2. 94	46	Fractur, asept.	M. F.	Dislocation der Bruchstücke, knorpelig-fibröser Callus, in welchen das Schwammstück eingebettet wird.		Bindegewebige Organisation des Schwammstückes mit beginnender Verknöcherung am Rande. Viel Riesenzell. um d. Schwammbälkchen.

Erklärung der Abbildungen.

Tafel II—IV.

Fig. 1. Aus dem Präparat von Vers. 10 (Replantation einer mit dem Trepan ausgesägten Knochenscheibe des Schädels vom Hund). 13 Tage. LEITZ, Obj. 3 Oc. 1.
 S = Schädel.
 J = implantirtes Stück.
 c = Callus (aus dem mit dem Trepan eröffneten Markraum des Schädels hervorwachsend und sich auf das Fragment hinüberschlagend).
 m = Mark.
 p = Periost.
 d = Dura.
 nk = nekrotische Knochensubstanz des implantirten Stückes.
 nk' = nekrotische Knochensubstanz am Schädel.
 lk = lebende Knochensubstanz.
 lk' = neugebildete Knochensubstanz.

Fig. 2. Aus dem Präparat von Versuch 17 (Replantation am Schädel, 42 Tage). Vorgeschrittener Ersatz der todten durch lebende Knochensubstanz. Dieselben Bezeichnungen. LEITZ, Obj. 3 Oc. 1.

Fig. 3. Aus dem Präparat von Versuch 8 (junges Kaninchen, Replantation am Schädel, 12 Tage). Saffraninfärbung (FLEMMING). Nekrotischer Trepanationsrand am Schädel mit Splitterung über der Dura; reichliche Anlagerung junger Knochenschichten über der Dura, spärliche unter dem Periost und am Trepanationsrand. Von letzterem ist die junge Knochensubstanz im Präparat abgelöst und durch einen Spalt (sp) getrennt. g = Gefässräume. (ZEISS, Apochromat. 8 mm, Oc. 4. Vergr. 160.)

Fig. 4. Eine Stelle des vorigen Bildes bei starker Vergrösserung. (ZEISS, Apochromat. 2 mm, Oc. 4. Vergr. 600.)
 b = Bindegewebe.
 o = Osteoblasten.
 nk'' = nekrotische Knochenkörperchen.
 lk'' = lebende Knochenkörperchen.

Fig. 5. Aus demselben Präparat. Riesenzellenbildung um Knochensplitter. (ZEISS, Apochromat. 2 mm, Oc. 4. Vergr. 600.)
 a Eine vielkernige Protoplasmamasse, welche eine grössere Anzahl kleiner Knochenfragmente einschliesst, deren Ecken und Kanten bereits abgerundet sind (nk);
 b die auf Fig. 4 oben rechts sichtbare Riesenzelle, welche eine Anzahl kleiner durchscheinender Reste von Knochensplittern enthält. Die Kerne zeigen die eckige Form und dunkle homogene Färbung der Osteoblasten.

Fig. 6. Aus dem Präparat von Versuch 33 (wandständige Resection des Humerus beim Hund mit Replantation des Fragmentes, 13 Tage). Anlagerung junger Knochenschichten an den gesplitterten Rand des abgestorbenen Fragmentes. ZEISS, Apochr. 8 mm, Oc. 4. Vergr. 160. (S. LANGENBECK's Archiv, Bd. 48, Taf. VI, Fig. 5.)

Fig. 7. Aus dem Präparat von Vers. 10 (Fig. 1). Vom Rande eines Diploe-Raumes der eingesetzten Knochenscheibe; Anlagerung von junger Knochensubstanz von dem neugebildeten Gewebe im Innern des Markraumes. *hk* Ein Haversisches Canälchen in dem abgestorbenen Knochen, in welches von den Markraum aus junge Osteoblasten eingedrungen sind und bereits Knochenbildung in den Canälchen veranlasst haben. fz = Fettzellen.

Fig. 8. Vers. 46. Macerirte Knochenscheibe, stark dislocirt, bindegewebig eingeheilt und in Resorption begriffen. Verkleinerung des Schädeldefectes durch Knochenanlagerung am Trepanationsrande und über der Dura. Krappfütterung. 4 fache Loupenvergrösserung.

Fig. 9. Aus einem anderen Versuch (50) desselben Thieres. Die macerirte Knochenscheibe war vor der Implantation in kochender Carminlösung durchgefärbt. Bindegewebig knöcherne Einheilung. 4 fache Loupenvergrösserung. *r* = Resorption.

Fig. 10. Loupenbild aus Versuch 51. Die mit Carmin gefärbte macerirte Knochensubstanz ist zum grossen Theile bereits durch neugebildeten Knochen ersetzt.

Fig. 11. Loupenbild aus Versuch 55. Die mit Fuchsin durchfärbte macerirte Knochensubstanz ist nach 90 Tagen zum grössten Theil durch neugebildete Knochensubstanz ersetzt. Dellenförmige Vertiefung des Schädeldaches in Folge von Resorption an der äusseren Fläche des implantirten und neugebildeten Knochens.

Fig. 12. Versuch 62. Schädeltrepanation, Ersatz des Defectes durch Schwamm, bindegewebige Einheilung desselben und beginnende Verknöcherung am Rande nach 17 Tagen. Nekrose des Trepanationsrandes mit typischer Knochenanlagerung. Bezeichnungen wie oben. LEITZ, Obj. 3 Oc. 1.
sc = Schwammbälkchen.
rz = Riesenzellen.

Fig. 13. Versuch 67. Einheilung eines Schwammstückes in die Markhöhle des Humerus (Hund). Verknöcherung des Bindegewebes um den Schwamm. Anlagerung von Osteoblasten (*o*) an die Schwammfasern. Andere Theile der Schwammbälkchen sind in junge Knochensubstanz eingemauert. Bezeichnungen wie oben.
LEITZ, Obj. 7 Oc. 1.

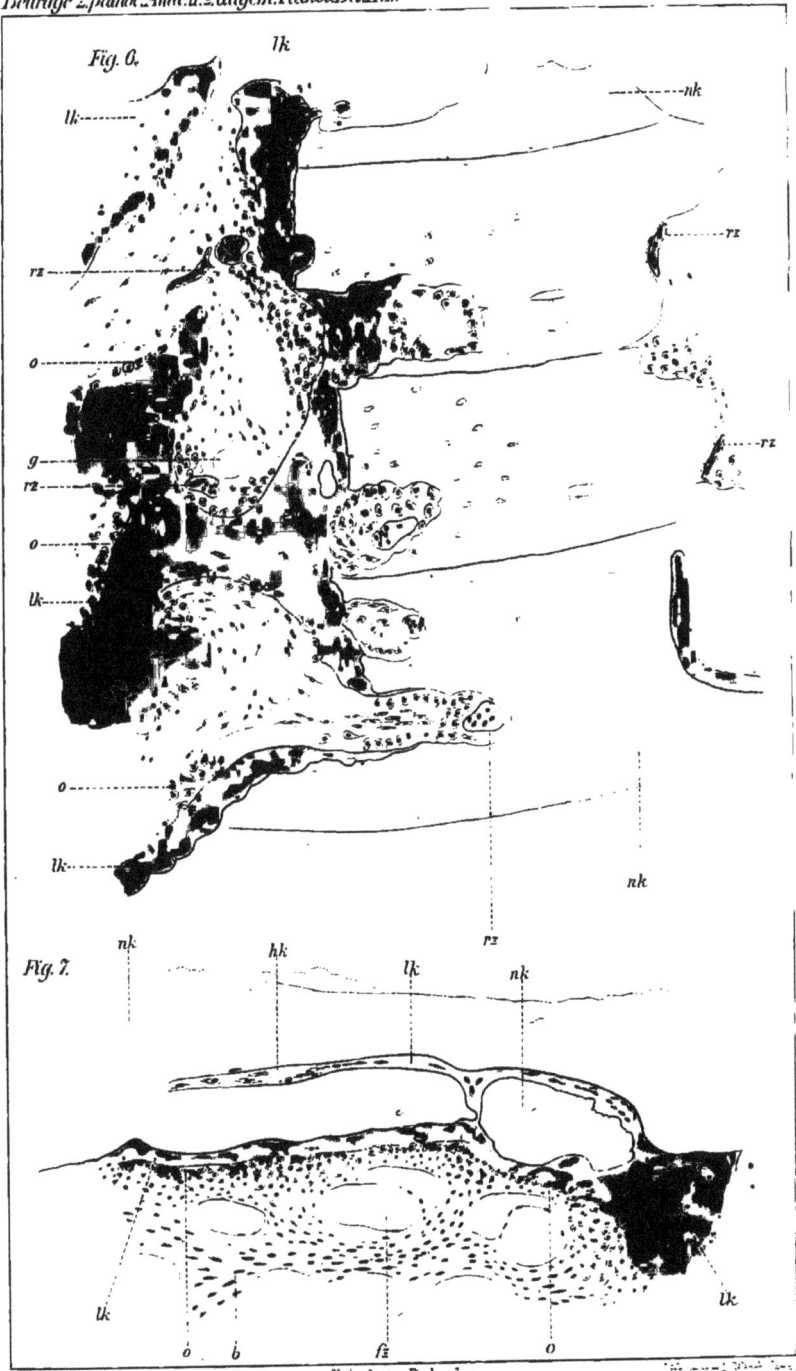

Beiträge z. pathol. Anat. u. z. allgem. Pathol. Bd. XVII.

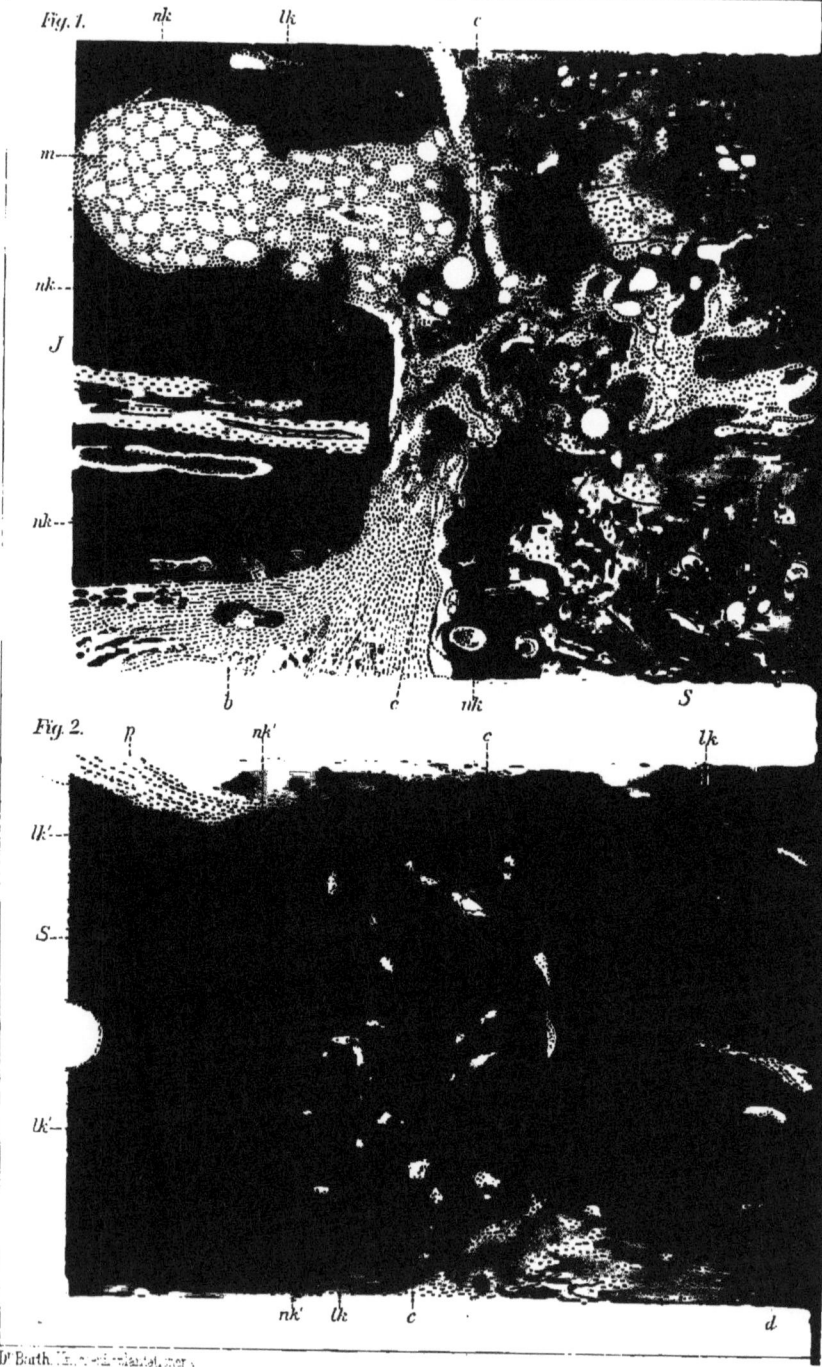

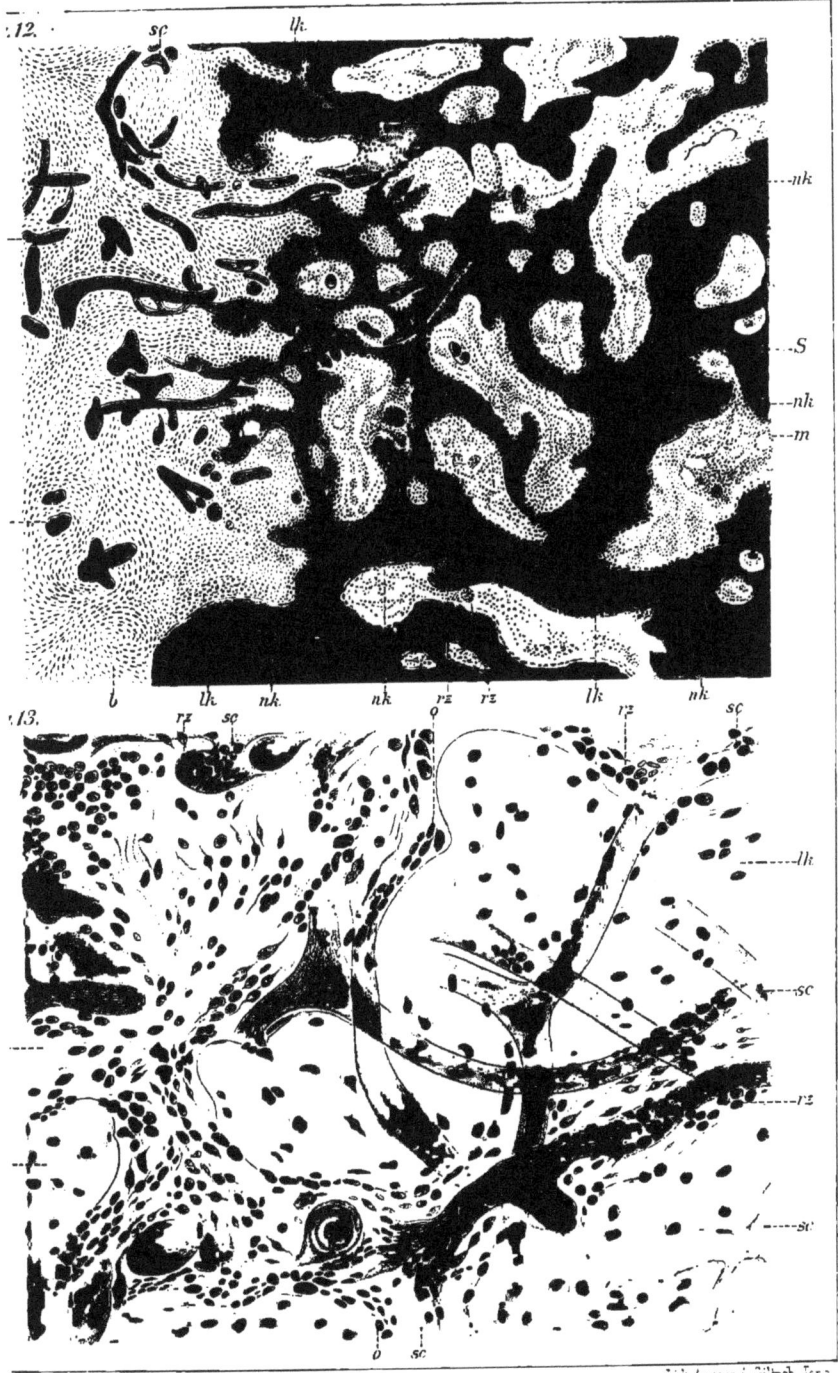